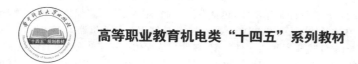

高等职业教育机电类"十四五"系列教材

SolidWorks设计

与仿真一体化教程

主　编　吴　芬

副主编　张一心　王爱国　朱修传　谢亚青

U0278644

华中科技大学出版社
http://www.hustp.com
中国·武汉

内容简介

本书以美国达索公司旗下 SolidWorks 软件为载体,以工业机器人机械本体设计为主线,共设计了六个项目和多个教学任务。本书综合了 SolidWorks 2016 软件与工业机器人机械部件设计的相关知识,采用图解的写作风格,主要介绍 SolidWorks 2016 软件的常用功能,包括草图绘制、零件建模、装配体设计、工程图、结构分析及运动分析、零部件仿真等。在安排上,强调 SolidWorks 2016 软件知识与工业机器人零部件实例相结合,由浅入深、循序渐进地讲解了从基础零件建模到复杂部件装配、零件与装配体生成工程图、零部件的仿真等,实例紧密联系机电工程实践,具有较强的专业性和实用性。本书将使读者对机械基础、工业机器人专业知识和 SolidWorks 2016 软件操作技能有一个全新的认识与提高。

本书适合入门级读者学习使用,也适合有一定基础的读者参考使用,还可用作职业培训、职业教育的教材。

为了方便教学,本书配有电子课件等教学资源包,可以登录"我们爱读书"网(www.ibook4us.com)浏览,或者发邮件至 hustpeiit@163.com 索取。

图书在版编目(CIP)数据

SolidWorks 设计与仿真一体化教程/吴芬主编. —武汉:华中科技大学出版社,2016.6(2023.6 重印)
ISBN 978-7-5680-1681-0

Ⅰ.①S… Ⅱ.①吴… Ⅲ.①机械设计-计算机辅助设计-应用软件-高等学校-教材 Ⅳ.①TH122

中国版本图书馆 CIP 数据核字(2016)第 073695 号

SolidWorks 设计与仿真一体化教程   吴 芬 主编
SolidWorks Sheji yu Fangzhen Yitihua Jiaocheng

策划编辑:康　序
责任编辑:史永霞
责任监印:朱　玢
出版发行:华中科技大学出版社(中国·武汉)   电话:(027)81321913
　　　　　武汉市东湖新技术开发区华工科技园   邮编:430223
录　　排:武汉正风天下文化发展有限公司
印　　刷:武汉市首壹印务有限公司
开　　本:787mm×1092mm　1/16
印　　张:15.75
字　　数:412 千字
版　　次:2023 年 6 月第 1 版第 3 次印刷
定　　价:38.00 元

三维建模已逐渐取代二维绘图,成为机械设计师的主要设计工具。企业对掌握三维建模技巧的人才的需求越来越大,对具有 SolidWorks 认证证书并能为企业带来经济效益的设计人员求贤若渴。

SolidWorks 软件是当前在设计制造领域流行的一款三维设计软件,其应用涉及汽车制造、机器人、数控机床、通用机械、航空航天、生物医药及高性能医疗器械、电气工程等众多领域。

本书以美国达索公司旗下 SolidWorks 软件为载体,以工业机器人机械本体设计为主线,共设计了六个项目和多个教学任务。本书综合了 SolidWorks 2016 软件与工业机器人机械部件设计的相关知识,采用图解的写作风格,主要介绍 SolidWorks 2016 软件的常用功能,包括草图绘制、零件建模、装配体设计、工程图、结构分析及运动分析、零部件仿真等。在安排上,强调 SolidWorks 2016 软件知识与工业机器人零部件实例相结合,由浅入深、循序渐进地讲解了从基础零件建模到复杂部件装配、零件与装配体生成工程图、零部件的仿真等,实例紧密联系机电工程实践,具有较强的专业性和实用性。本书将使读者对机械基础、工业机器人专业知识和 SolidWorks 2016 软件操作技能有一个全新的认识与提高。

本书由南京机电职业技术学院自动化工程系教师吴芬任主编,由南京东锐羽软件科技有限公司技术部经理张一心、安徽机电职业技术学院王爱国、安徽国防科技职业学院朱修传、江苏食品药品职业技术学院谢亚青任副主编,由吴芬负责全书统稿。其中,吴芬编写项目 1 中任务 2,项目 2 中任务 3,项目 4 中任务 2、任务 3,张一心编写项目 1 中任务 1、任务 3,项目 3 中任务 1、任务 2,王爱国编写项目 4 中任务 1 及项目 5,王晓峰编写项目 2 中任务 2,朱修传编写项目 3 中任务 3、任务 4、任务 5,徐念玲编写项目 2 中任务 4、任务 5,朱红娟编写项目 2 中任务 1,谢亚青编写项目 6。

本书适合入门级读者学习使用,也适合有一定基础的读者参考使用,还可用作职业培训、职业教育的教材。

为了方便教学,本书配有电子课件等教学资源包,可以登录"我们爱读书"网(www.ibook4us.com)浏览,或者发邮件至 hustpeiit@163.com 索取。

由于时间仓促,书中难免存在疏漏和不足之处,恳请读者和专家批评指正。

编　者
2022 年 3 月

目录 MULU

项目 1 SolidWorks 零件设计 ·········· 1
  任务 1 SolidWorks 2016 简介 ·········· 1
  任务 2 SolidWorks 典型零件建模 ·········· 11
  任务 3 技能训练 ·········· 45
项目 2 工业机器人本体设计 ·········· 57
  任务 1 工业机器人底座设计 ·········· 57
  任务 2 工业机器人大臂设计 ·········· 69
  任务 3 工业机器人小臂设计 ·········· 91
  任务 4 工业机器人手腕设计 ·········· 110
  任务 5 工业机器人法兰设计 ·········· 124
项目 3 SolidWorks 装配体设计 ·········· 132
  任务 1 简单装配体 ·········· 132
  任务 2 机械手(爪)装配体 ·········· 137
  任务 3 工业机器人底座装配体 ·········· 144
  任务 4 工业机器人小臂装配体 ·········· 165
  任务 5 工业机器人手腕装配体 ·········· 174
项目 4 SolidWorks 工程图设计 ·········· 188
  任务 1 工程图基础 ·········· 188
  任务 2 三通管工程图 ·········· 197
  任务 3 小臂装配体工程图 ·········· 205
项目 5 SolidWorks 仿真 ·········· 217
  任务 1 小臂零件图仿真 ·········· 217
  任务 2 小臂装配体仿真 ·········· 227
项目 6 CSWA 考试简介 ·········· 238
  任务 1 关于 CSWA 考试 ·········· 238
  任务 2 CSWA 样题 ·········· 242
参考文献 ·········· 248

项目 1

SolidWorks 零件设计

设计是把设想变为现实的创造性活动的第一步,也是生产的第一步,它为制造提供依据。

数字化设计(digital design)是以实现新产品设计为目标,以计算机软硬件技术为基础,以数字化信息为辅助,支持产品建模、分析、修改、优化及生成设计文档的相关技术的有机集合。数字化设计支持产品开发全过程、产品创新设计、产品相关数据管理、产品开发流程的控制与优化等。在这个过程中,产品建模是基础,优化设计是主体,数据管理是核心。

与传统的产品开发相比,数字化设计建立在计算机技术的基础上。它充分利用计算机的优点,即强大的信息存储能力、逻辑推理能力、重复工作能力、快速准确的计算能力、高效的信息处理功能等,极大地提高了产品开发的效率和质量。美国波音 777 飞机是采用数字化设计与制造的典范,其研发周期缩短 40%,返工量减少 50%。数字化设计与数字化制造、数字化仿真共同构成了现代制造业的先进数字化研发平台。

SolidWorks 是第一款基于 Windows 平台开发的三维 CAD 软件,易于使用的强大三维 CAD 设计功能为 SolidWorks 提供了快速创建、验证、交流和管理产品开发过程的功能,使用户能将产品更快地投放市场,降低制造成本,并提高各个行业和应用领域的产品质量和可靠性。

在目前市场上常用的三维 CAD 软件中,SolidWorks 是设计过程比较简单且方便的软件之一。使用 SolidWorks,不仅产品设计的整个过程可以编辑,而且零件设计、装配体设计和工程图之间是全相关的。使用它,设计师可以大大缩短设计时间,减少设计过程中的错误,产品可以更快速、高效地投向市场。在北美和欧洲,近 40% 的三维机械设计师选择 SolidWorks 作为设计工具。近年来,中国也在快速普及 SolidWorks 软件。

有资料显示,目前全球发放的 SolidWorks 软件使用许可约 28 万,涉及航空航天、机车、食品、机械、国防、交通、模具、电子通信、医疗器械、娱乐工业、日用品/消费品、离散制造等分布于全球 100 多个国家的约 3.1 万家企业。在教育市场上,每年有来自全球约 4300 所教育机构的近 145 000 名学生通过 SolidWorks 的培训课程。

◀ 任务 1　SolidWorks 2016 简介 ▶

【学习要点】

- ◇ SolidWorks 用户界面
- ◇ SolidWorks 文件类型
- ◇ 草图的三种状态
- ◇ 启动、退出 SolidWorks
- ◇ 打开、修改 SolidWorks 模型
- ◇ 保存文件和文件另存为的区别

◇ 窗口设置与调整

◇ CommandManager 命令管理器

SolidWorks 是一个基于特征、参数化、实体建模的设计工具,该软件采用 Windows 图形界面,易于学习和使用。设计师使用 SolidWorks 能快速地按照其设计思想绘制草图,创建全相关的三维实体模型,制作详细的工程图。

一、SolidWorks 基本概念

1. 原点

原点显示为两个蓝色箭头,代表模型的(0,0,0)坐标,如图 1-1 所示。当进入草图状态时,草图原点显示为红色,代表草图的(0,0,0)坐标。设计人员可以为模型原点添加尺寸和集合关系,但是草图原点不能更改。

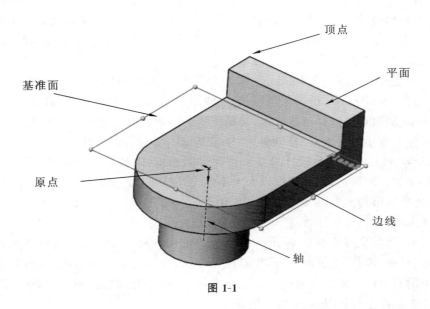

图 1-1

2. 基准面

基准面就是平的构造几何体。用户可以使用基准面来添加 2D 草图、三维模型的剖面视图和拔模特征的中性面等。

3. 轴

轴用于生成模型、特征或阵列的直线。用户可以使用多种方法来生成轴,比如使用两个交叉的基准面生成轴。另外,SolidWorks 软件默认在圆柱体或圆柱孔和圆锥面的中心生成临时轴。

4. 平面

平面能帮助定义模型的形状或曲面形状的边界。例如,长方体有 6 个面,球体只有 1 个面,面是模型或曲面上可以选择的区域。

5. 边线

边线是两个或更多个面相交并且连接在一起的位置。在绘制草图和标注尺寸时经常使用边线来约束模型。

6. 顶点

顶点是两条或更多条边线相交时的点。

二、SolidWorks 常用术语

1. 草图

草图是指在 SolidWorks 中使用直线、圆弧、样条等绘制命令绘制的,具有一定的形状和尺寸精确性,具有特殊意义的几何图形。草图多是二维的,也有三维草图。本书中的草图都是二维草图。绘制草图是三维造型的基础,绘制草图是创建零件的第一步。在 SolidWorks 软件中,草图有三种状态,分别是欠定义、完全定义和过定义,如图 1-2 所示。

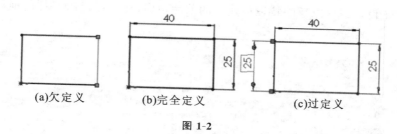

(a)欠定义　　　　(b)完全定义　　　　(c)过定义

图 1-2

（1）欠定义:表示草图约束不完全,如图 1-2(a)中的草图,矩形中有 2 条线是蓝色,其余两条线为黑色,但是黑色线的端点为蓝色。虽然没有标注任何尺寸,但是黑色线段的方向已经定义为垂直和水平,所以线段显示为黑色,由于无尺寸定义线长,所以线的端点为蓝色。

（2）完全定义:表示草图已经正确约束,已经定义合适的几何关系和尺寸。

（3）过定义:表示草图中有过度约束(封闭尺寸链)。由于 SolidWorks 使用参数化来约束模型和草图,过定义会导致草图计算错误,所以草图会显示为红色。

在 SolidWorks 建模过程中,要求草图是完全定义的,如图 1-3 所示。

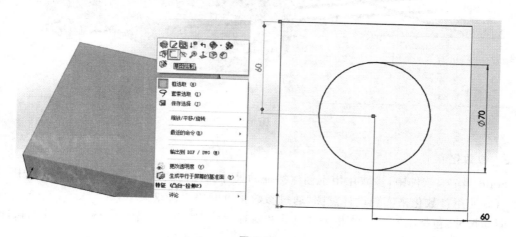

图 1-3

图 1-3 的草图中将所有尺寸标注完毕后,草图由蓝色变为黑色,此时在窗口右下方有图 1-4 所示的提示。

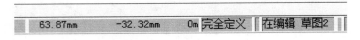

图 1-4

提示栏中标识的"完全定义"代表草图已经完全约束。

2. 特征

特征是由一组彼此相关的、可以统一描述几何元素和拓扑关系的信息所组成的集合。在 SolidWorks 软件中,特征分为草图特征和应用特征。

草图特征:基于二维草图的特征,通常该草图可以通过拉伸、旋转等命令转换为实体模型。

应用特征:如圆角、倒角等直接创建于实体模型上的特征(无须草图)。

SolidWorks 软件中,通过 FeatureManager 设计树来反映模型的特征结构。FeatureManager 设计树可以反映特征被建立的前后顺序,还可以反映特征的前后父子关系,如图 1-5 所示。

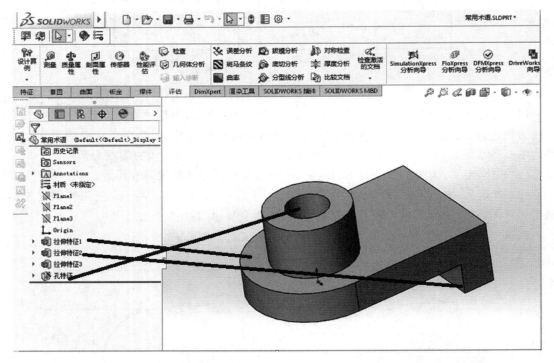

图 1-5

3. 参数化

SolidWorks 软件中,参数化用于创建特征的尺寸和几何关系,并保存在设计模型中。设计人员可以使用参数化来实现设计意图,通过参数化也能快速修改模型。

驱动尺寸:包括绘制几何体相关的尺寸和特征尺寸,如绘制一个正方体,正方体的截面大小由草图中的驱动尺寸来控制,正方体的高度由特征尺寸来控制。

几何关系：在草图几何体如直线、圆、点之间存在的相切、同心、中点等关系。几何关系是设计人员实现设计意图的重要手段。

4. 实体建模

实体模型是 CAD 系统中比较常见的几何模型类型。实体模型包含了完整的模型边线和表面信息，以及几何体关联在一起的拓扑关系。

设计人员在进行建模之前需要对设计意图进行规划，模型在建模过程中的设计意图决定了模型在尺寸发生变化时将如何被修改。影响实现设计意图的因素如下。

（1）几何关系和添加的约束关系：在草图中可以加入的基本几何关系，如水平、竖直、平行、垂直等，添加的约束关系包括共线、相切、同心等。

（2）方程式：尺寸间的代数关系。

（3）尺寸：不同的尺寸链不仅表达了尺寸如何标注，也反映了随着尺寸的变动，草图或模型该如何变化。

例如，设计人员要实现圆孔在平板中央，有两个方法可以实现。

方法一：使用尺寸标注，设定圆心离边线距离为 100 mm、50 mm，由于平板长度为 200 mm、宽度为 100 mm，则圆孔落在平板中心，如图 1-6 所示。

方法二：设定约束关系，设定圆心在平板中心线的中点，如图 1-7 所示。

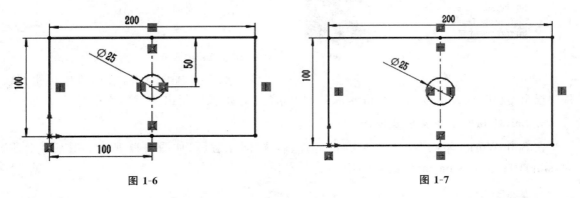

图 1-6   图 1-7

虽然两个方法都可以实现圆孔在平板中央，但是如果平板的长度发生了变化，假设平板由 200 mm 变为 250 mm，由方法一中的标注可知，圆孔将不能保证落在平板中央，如图 1-8 所示。

如果采用方法二，使用约束关系将圆孔的圆心设定在中心线的中点，模型依然保证之前的设计意图，即圆孔落在平板中央，如图 1-9 所示。

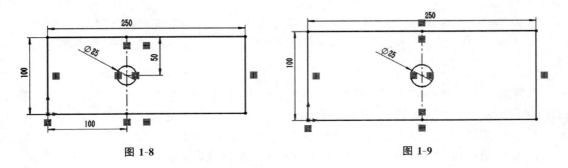

图 1-8   图 1-9

5. 全相关

SolidWorks 的零件模型、装配体模型与对应的图纸是全相关的,当模型发生更改时,对应的工程图、装配体以及装配体对应的工程图会自动更改,在装配体和工程图中发生的更改也会影响到零件。

6. 约束

SolidWorks 草图中可以使用共线、垂直、水平、中点等几何关系来约束草图几何体,对于草图尺寸和特征尺寸,SolidWorks 软件也支持方程式来创建尺寸参数之间的数学关系,例如,设计人员可以通过方程式来实现管道模型中管道截面内径和外径的尺寸的数学关系。

三、SolidWorks 基本操作

1. 启动 SolidWorks

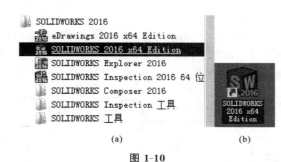

(a)　　　　(b)

图 1-10

可以单击"开始"按钮,依次单击"所有程序""SOLIDWORKS 2016""SOLIDWORKS 2016 x64 Edition",如图 1-10(a)所示;也可以使用软件安装时默认在桌面上生成的快捷方式(见图 1-10(b))来启动 SolidWorks。

2. 退出 SolidWorks

当需要关闭 SolidWorks 时,可以单击"文件""退出"按钮,或者单击 SolidWorks 软件右上角的"关闭"按钮退出。

3. SolidWorks 文件类型及创建

在 SolidWorks 环境下,有三种文件:零件、装配体、工程图,如图 1-11 所示。其后缀分别为 .sldprt(零件)、.sldasm(装配体)和 .slddrw(工程图)。

零件
单一设计零部件的 3D 展现
sldprt(零件)

装配体
零件和/或其它装配体的 3D 排列
sldasm(装配体)

工程图
2D 工程制图,通常属于零件或装配体
slddrw(工程图)

图 1-11

要创建一个三维零件模型,可以单击菜单栏中的"新建"命令(Ctrl＋N),弹出"新建 SOLIDWORKS 文件"对话框,如图 1-12 所示。

若选择"零件"图标,单击"确定"按钮,即进入零件图绘制状态。

若选择"装配体"图标,单击"确定"按钮,即进入装配体设计状态。

若选择"工程图"图标,单击"确定"按钮,即进入工程图绘制状态。

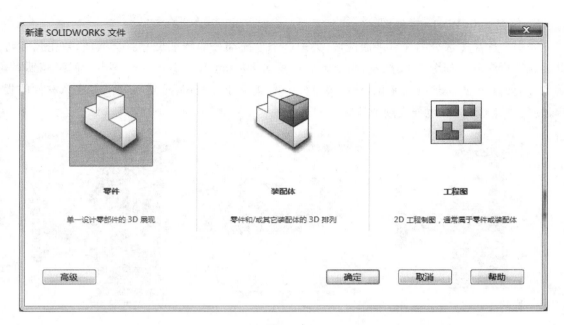

图 1-12

4. 打开 SolidWorks 零件图

可以双击文件夹中的 SolidWorks 零件三通管. sldprt，SolidWorks 会打开三通管. sldprt 文件。如果在打开文件之前没打开 SolidWorks 软件，系统会自动运行 SolidWorks，然后再打开所选的三通管. sldprt 文件。

也可以通过单击菜单栏中的"文件"|"打开"命令，然后浏览至指定文件，打开该文件；或者按快捷键 R，软件会列出最近打开的文档，单击文件图标下方的"在文件夹中显示"，则该文件所处的文件夹会自动打开，如图 1-13 所示。

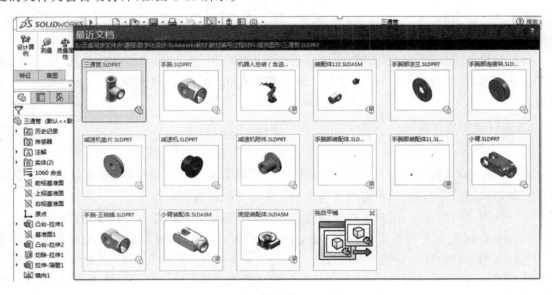

图 1-13

5．修改 SolidWorks 零件图

双击零件高亮部分的任意平面区域,关于这个平面部分的特征尺寸将会激活,双击尺寸可以对其进行修改。如图 1-14 所示,将三通管高度由 80 mm 改为 100 mm,单击"确定"按钮后,模型将会更新。如果模型无变化,单击菜单栏中的红绿灯 按钮,重建模型。应注意软件的提示,按快捷键 Ctrl+B 也能实现上述效果。

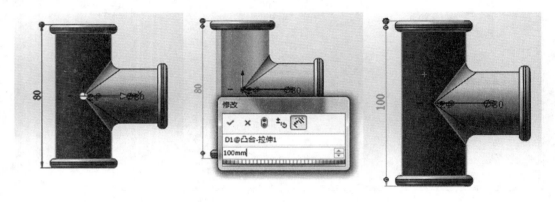

图 1-14

如果找不到命令,可以使用软件右上角的搜索框,如图 1-15 所示。

图 1-15

6．保存 SolidWorks 零件图

单击菜单栏上的"保存"按钮 ,即可保存刚才做过的操作。建议用户每次更改文件后,都对该文件进行保存。

如果要将更改后的文件存为副本,可以依次单击"文件"|"另存为"命令。注意"另存为"有三个选项,分别是"另存为""另存为副本并继续""另存为副本并打开"。用户可以比较这三个选项的差异。

6．窗口设置与调整

打开一个 SolidWorks 文件后,窗口区域会分为两个部分,如图 1-16 所示。设计树(FeatureManager) 位于窗口左侧,其树形结构反映了零件的建模过程(在装配体中为装配过程);图形区域位于右侧,用户可以使用图形区域上方的视图控制命令。

对于视图定向的命令,用户可以尝试将鼠标移动到图形区域的任意空白处,再按空格键。

SolidWorks 类似于其他运行于 Windows 操作平台上的软件,可以非常方便地调整窗口大小。光标移到窗口边缘时会变为双向箭头。(注意:若窗口处于最大化,箭头无法出现。)当光标变为双向箭头时,按住鼠标左键,同时通过拖动窗口来改变其大小。将窗口拖至理想大小后,放开鼠标按键。

此外,窗口内可能有多个面板,可以调整各个面板的大小。调整时,将光标移至两个面板的

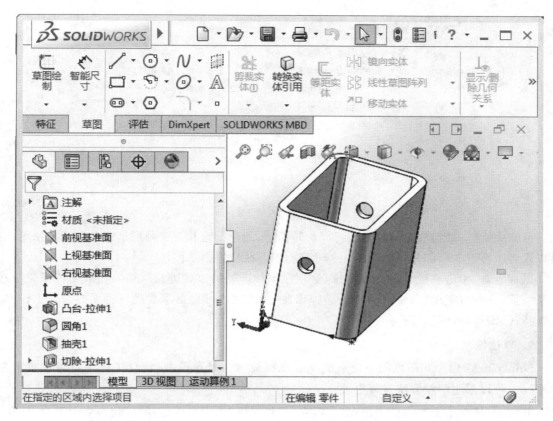

图 1-16

交界处,直到它变为带有一对正交平行线的双向箭头,这时按住鼠标左键,同时通过拖动面板来调整其大小。将面板拖至理想尺寸后,放开鼠标按键。

7. CommandManager 命令管理器

CommandManager 命令管理器可以根据需要自动切换工具栏,如图 1-17 所示。CommandManager 命令管理器已经根据命令的类型进行分类,类似于"抽屉"。例如,当模型进入特征状态时,CommandManager 命令管理器可以自动进入特征的工具栏,特征常用的命令在CommandManager 命令管理器中都可以找到。

图 1-17

提示:如何添加更多的"抽屉"? 在"特征"抽屉上单击右键,如图 1-18 所示。

8. 鼠标的使用

鼠标左键:主要用于选择,如选择某个菜单命令,选择图形区域的面、实体和FeatureManager 设计树中的对象。

图 1-18

鼠标中键（一般为滚轮）：按住后可以旋转模型，滚轮上滚和下滚分别是缩小和放大视图；也可以作为组合键的一部分，如按住 Ctrl＋滚轮，图形区域将会平移。

鼠标右键：单击右键时，SolidWorks 会根据鼠标所处的位置进行反馈。如果在特征树中选择某特征，进行右键单击，SolidWorks 会弹出命令框，用户可根据需要进行特征的操作工作（如编辑特征、编辑特征的草图等）。

9. 单位设定

SolidWorks 模型和图纸的单位系统一般在模板中已经预设，在设计工作中也可以更改单位系统。可以采用两种方法进行更改。

方法一：依次单击"工具"|"选项" ⚙ ，在"文档属性"选项卡中选择"单位"，如图 1-19 所示。

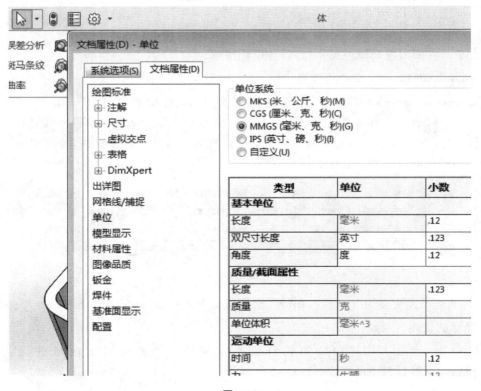

图 1-19

方法二：使用右下角的选项框可以快捷调整，如图 1-20 所示。

一般在系统设置中，将单位设置为 MMGS(毫米、克、秒)。

四、任务小结

本任务的主要内容是 SolidWorks 软件的基本功能与操作，包括草图、特征的定义，软件的新建、保存、修改、窗口调整、单位设置等，具体的应用会在后续的零件图、装配体、工程图中实现。

图 1-20

◀ 任务 2　SolidWorks 典型零件建模 ▶

【学习要点】

◇ 熟悉 SolidWorks 建模基本功能

◇ 熟悉 SolidWorks 建模常用特征

◇ 掌握典型机械零件建模过程

◇ 动手绘制零件三维模型及修改尺寸

◇ 讨论零件不同的建模过程

◇ 编辑零件材料

◇ 分析零件的质量和重心

一、简单零件建模

1. 箱体 3D 视图

箱体 3D 视图如图 1-21 所示。

2. 箱体建模思路

从零件三维视图可以看出，该零件建模有绘制矩形草图，拉伸凸台，在矩形基体上进行圆角、抽壳、开通孔等环节。推荐的建模步骤如图 1-22 所示。

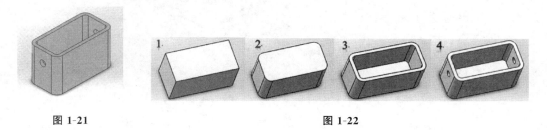

图 1-21　　　　　　　　　　　　　　图 1-22

3. 箱体建模过程

(1) 单击"选项" ⚙，在"文档属性"选项卡中选择"单位"，在单位系统中选择"MMGS"，单击"确定"按钮。

(2) 单击设计树(FeatureManager)中的前视基准面，选择第一个图标"草图绘制" ▣。单击命令管理器中的"边角矩形" ⬚ ,单击草图原点 ↳ ,开始绘制矩形,将鼠标向右上方拖动,生成一个矩形。在绘制草图时,SolidWorks 提示的尺寸为参考尺寸,用户不必绘制精确尺寸,待草图绘制完毕后,再使用智能标注进行修改和完善。

如图 1-23 所示,单击命令管理器中的 智能尺寸 ,单击顶部的边线,在弹出的文本框中输入 100 mm,按 Enter 键确认。

如图 1-24 所示,设置该矩形宽为 60 mm。注意:双击可修改尺寸。

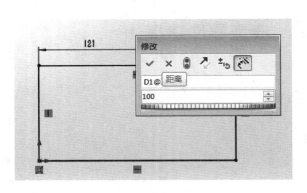

图 1-23

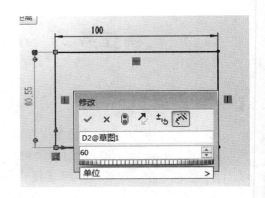

图 1-24

选择命令管理器中的特征栏 特征 草图 评估 ,单击"拉伸凸台/基体" 拉伸凸台/基体 ,在特征对话框中设定中止条件为给定深度,深度为 50.00 mm,如图 1-25 所示。

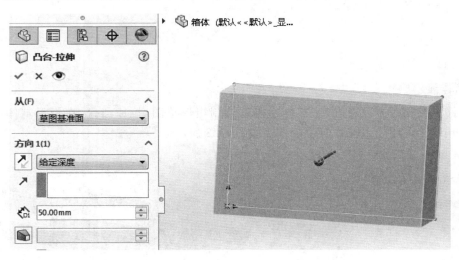

图 1-25

单击确认后,拉伸凸台生成。

注意:特征树中出现了一个特征 凸台-拉伸1,单击特征前的三角符号,之前绘制的草图会出现在特征下方 凸台-拉伸1 草图1 。如果需要修改特征或草图,只需在特征或草图上单击右键,然后选择"编辑"命令。

（3）单击特征工具栏中的"圆角" 命令，输入圆角参数 10 mm，选择"完整预览"，如图 1-26 所示。

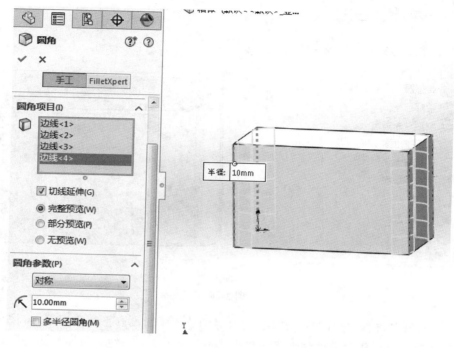

图 1-26

（4）单击特征工具栏中的"抽壳" 命令，厚度设置为 5 mm，选择顶面作为抽壳面，如图 1-27 所示。

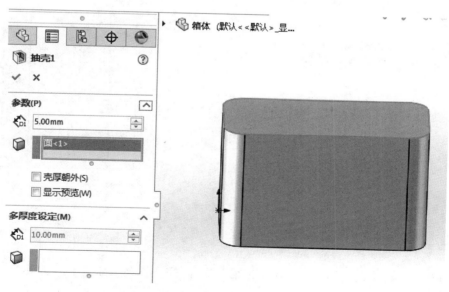

图 1-27

单击"√"确定,如图 1-28 所示。

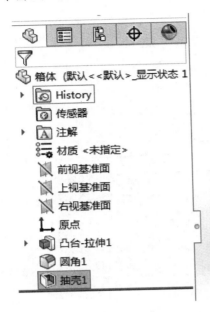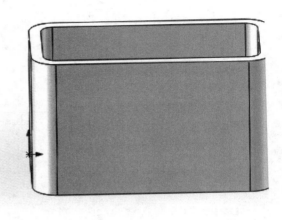

图 1-28

（5）单击右视基准面,选择"草图绘制"。此时的草图平面没有平行于屏幕,可按下空格键,视图方向的快捷工具栏将会自动弹出,选择"正视于",如图 1-29 所示,草图平面将平行于屏幕。用户也可以选择其他视图进行草图绘制。

单击草图工具栏中的"圆" ⊙ 命令,绘制圆孔,并用智能尺寸进行标注,如图 1-30 所示。

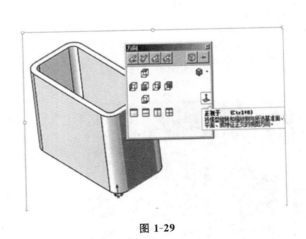

图 1-29

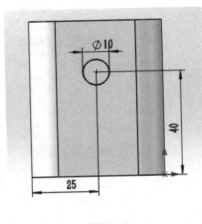

图 1-30

单击特征工具栏中的 拉伸切除 ,从"草图基准面",方向"完全贯穿",如图 1-31 所示。

提示:在使用拉伸切除时,应注意预览中的箭头,如果箭头指示方向为不可切除的模型,则该特征会报错。

单击"确定"按钮,箱体设计完成,如图 1-32 所示。

图 1-31

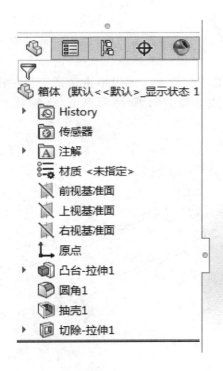

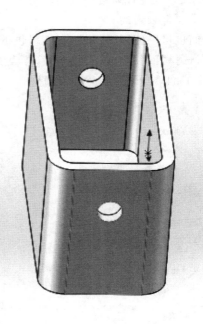

图 1-32

（6）在绘制模型的过程中，如果需要修改之前的特征或草图，可以在窗口左侧的特征树中选择相应的特征或草图进行编辑，必要时可选择特征树下方的退回功能。例如：重新编辑圆角，将圆角半径改为 5 mm，如图 1-33 所示。

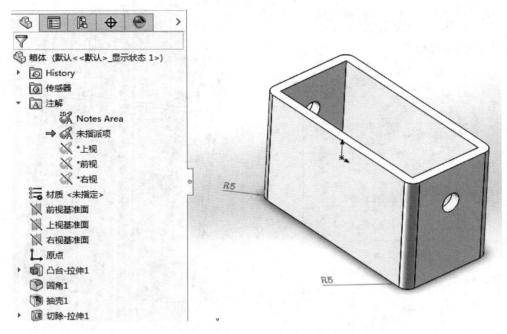

图 1-33

更改完毕后，模型将被重建。由于之前的模型由同一个圆角特征所绘制，所以更改圆角的半径尺寸时，所有圆角涉及边线均发生了变化。对于设计人员而言，这种圆角的修改在平时工作中是非常频繁的。

我们也可以使用 SolidWorks 提供的智能圆角功能进行修改。通过单击特征工具栏中的"圆角"，选择"FilletXpert"（圆角专家），依次选择四条边线处的圆角，然后单击"调整大小"按钮，如图 1-34 所示，圆角会重新调整。

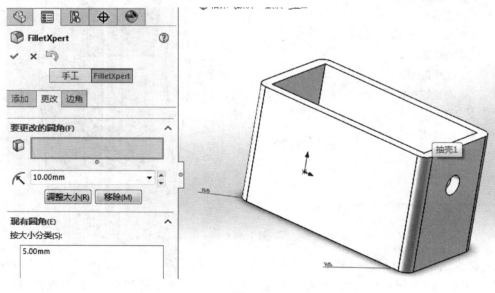

图 1-34

（7）单击菜单栏中的保存按钮 ![保存]，将名为箱体.sldprt 的文件保存在指定的文件夹中。

小结：

该零件结构简单，建模采用拉伸凸台、圆角、抽壳、拉伸切除特征，每个特征有不同的参数供我们设置、选择、修改。我们可以采用不同的建模思路，尝试不同的建模步骤，以便快捷、高效地完成零件建模。

二、阶梯轴零件建模

1. 阶梯轴 3D 视图

阶梯轴 3D 视图如图 1-35 所示。

阶梯轴起到连接、支撑、传递运动和动力等作用，在工作中，受到弯应力和冲击载荷，零件应具有足够的刚度、强度及韧性。从节省材料、减少质量的角度来看，轴的各横截面最好是等强度的。从加工工艺的角度来看，轴的形状愈简单愈好。但是，为了便于轴上零件的装拆与固定，且使轴上各截面接近于等强度，通常将轴设计成中间粗、两端细的阶梯形。

2. 阶梯轴建模思路

从零件三维视图可以看出，阶梯轴是典型的旋转类零件，采用绘制草图，绕轴线旋转拉伸，在旋转完成后的基体上分别进行键槽和开通孔的切除。推荐的建模步骤如图 1-36 所示。

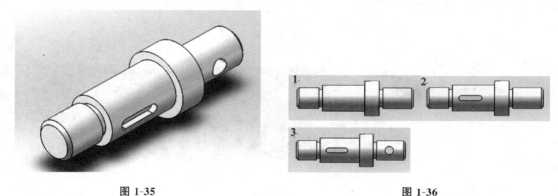

图 1-35   图 1-36

3. 阶梯轴建模过程

（1）选择前视基准面为草图平面，单击"草图绘制"，插入一个新草图。阶梯轴草图尺寸如图 1-37 所示。

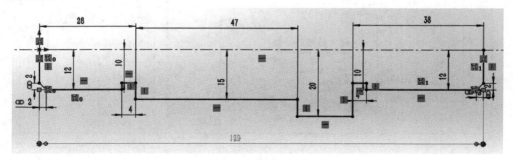

图 1-37

单击特征"旋转凸台",方向设置为角度"360.00度",如图1-38所示。

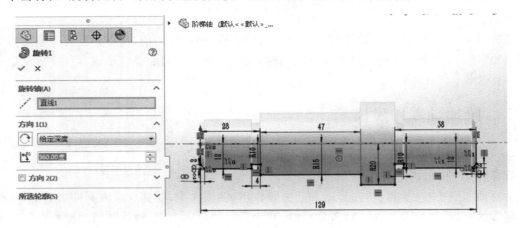

图 1-38

（2）单击特征 参考几何体，选择"基准面"，第一参考"前视基准面"，距离15.00 mm，如图1-39所示。

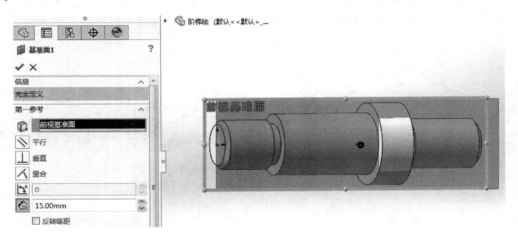

图 1-39

（3）在基准面1上新建草图，绘制键槽孔草图，如图1-40所示。

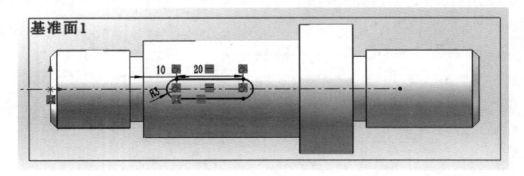

图 1-40

单击特征"拉伸切除",从"草图基准面",方向"给定深度",距离 4.00 mm,如图 1-41 所示。

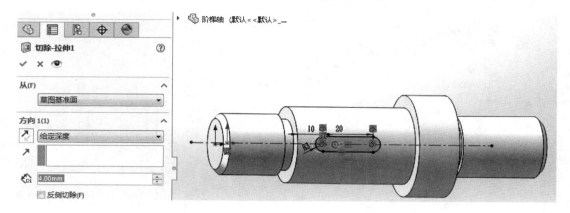

图 1-41

（4）单击特征"参考几何体",选择"基准面",第一参考"前视基准面",距离 12.00 mm,如图 1-42 所示。

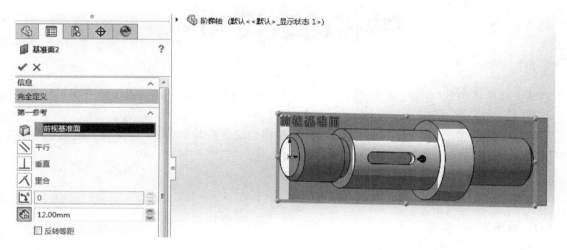

图 1-42

（5）在基准面 2 上新建草图,绘制圆孔草图,如图 1-43 所示。

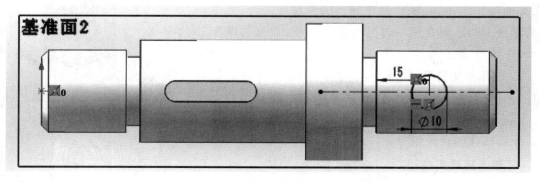

图 1-43

单击特征"拉伸切除",从"草图基准面",方向"完全贯穿",如图 1-44 所示。

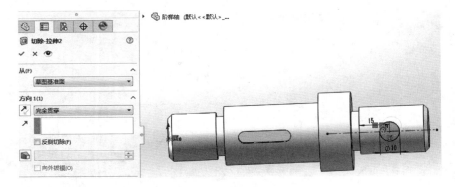

图 1-44

单击"确定"按钮,阶梯轴设计完成,如图 1-45 所示。

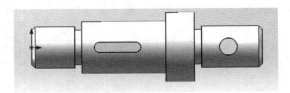

图 1-45

单击菜单栏中的"保存"命令,将名为阶梯轴.sldprt 的文件保存到指定文件夹中。

小结:

该零件建模用到了旋转凸台、参考几何体、拉伸切除这些特征,每个特征有不同的参数供用户设置、选择、修改,以实现快捷、合理的零件建模。

三、轴承座零件建模

1. 轴承座 3D 视图

轴承座 3D 视图如图 1-46 所示。

有轴承的地方就要有支撑点,轴承的内支撑点是轴,外支撑就是轴承座。轴承座固定轴承外圈,即让内圈转动,外圈保持不动,且始终与传动的方向保持一致,并且保持平衡。轴承座常用的材料有灰口铸铁、球墨铸铁和铸钢、不锈钢、塑料等。

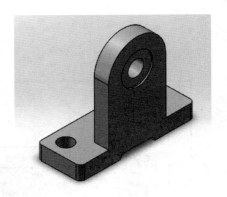

2. 轴承座建模思路

从零件三维视图可以看出,轴承座采用绘制矩形底板、立板,在立板上开异型通孔,在底板上开两个对称通孔。推荐的建模步骤如图 1-47 所示。

图 1-46

3. 轴承座建模过程

(1)选择上视基准面,单击"草图绘制",绘制一个边角矩形,使用智能尺寸标注,如图 1-48 所示。

图 1-47

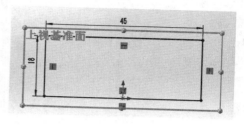

图 1-48

单击特征"拉伸凸台",从"草图基准面",方向"给定深度",距离 5.00 mm,如图 1-49 所示。
（2）选择前视基准面,单击"草图绘制",绘制立板草图,如图 1-50 所示。

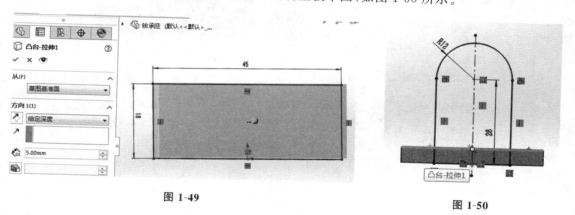

图 1-49

图 1-50

单击特征"拉伸凸台",从"草图基准面",方向"给定深度",距离 5.00 mm,如图 1-51 所示。

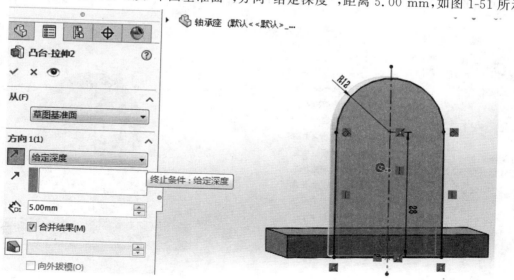

图 1-51

（3）单击特征 异型孔向导 ，在"类型"选项卡中，选择"柱形沉头孔"，终止条件"完全贯穿"，如图 1-52 所示。

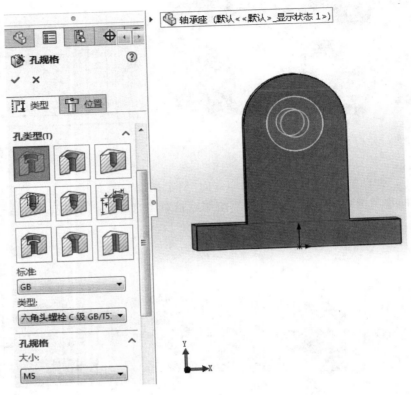

图 1-52

单击"位置"选项卡，如图 1-53 所示。

直接在图形上任意选择一个位置，单击"确定"按钮，如图 1-54 所示。

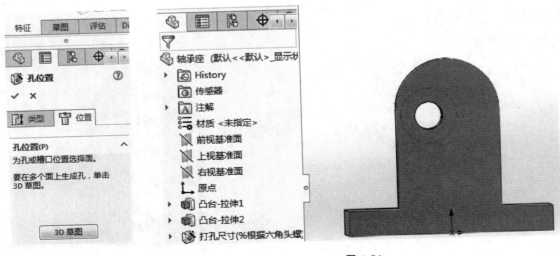

图 1-53　　　　　　　　　　　　　　　　　　　　图 1-54

单击异型孔特征草图 5,选择编辑草图 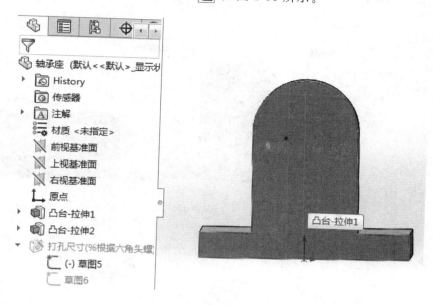,如图 1-55 所示。

图 1-55

图 1-55 中"＊"即为异型孔圆心位置,将该圆心位置与立板上端半圆形同心,如图 1-56 所示。

单击"确定"按钮,完成异型孔的设置。

(4)选择前视基准面,单击"草图绘制",绘制底板槽草图,如图 1-57 所示。

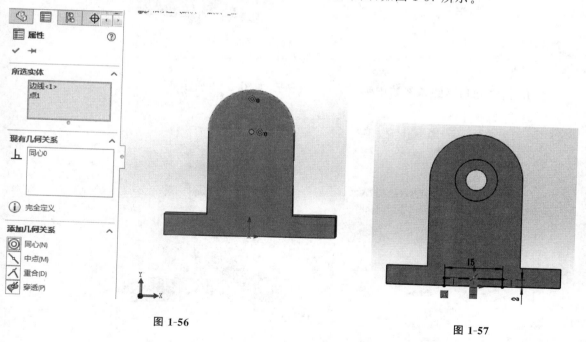

图 1-56

图 1-57

单击特征"拉伸切除",从"草图基准面",方向"完全贯穿",如图 1-58 所示。

（5）选择上视基准面，单击"草图绘制"，绘制直径为 6 mm 的两个圆孔，如图 1-59 所示。

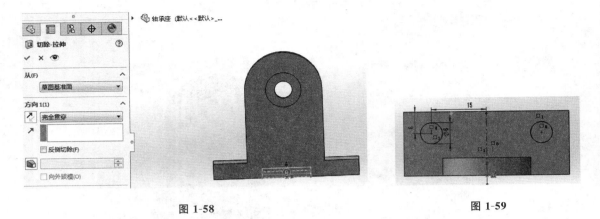

图 1-58   图 1-59

单击特征"拉伸切除"，从"草图基准面"，方向"完全贯穿"，如图 1-60 所示。

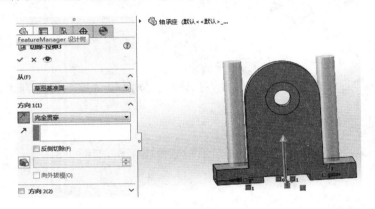

图 1-60

单击特征"圆角"，圆角参数中半径为 2.00 mm，如图 1-61 所示。

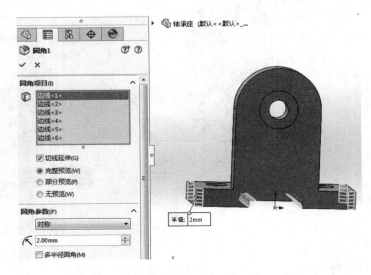

图 1-61

单击"确定"按钮,轴承座设计完成,如图 1-62 所示。

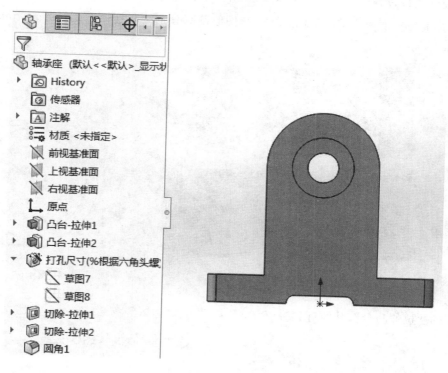

图 1-62

单击菜单栏中的"保存"命令,将名为轴承座. sldprt 的文件保存到指定文件夹中。

小结:

该零件建模用到了拉伸凸台、异型孔向导、拉伸切除、圆角等特征,每个特征有不同的参数供用户设置、选择、修改,以实现快速高效的零件建模。

四、三通管零件建模

1. 三通管 3D 视图

三通管 3D 视图如图 1-63 所示。

三通管有三个口子,用于三条相同或不同管路汇集,改变流体方向,可以是一个进口、两个出口,或者两个进口、一个出口。三通管广泛用于输送液体、气体的管网中。常用的材质有铸铁、铸钢、铸铜、铸铝、塑料、玻璃等。

2. 三通管建模思路

从零件三维视图可以看出,三通管采用绘制圆环形草图,拉伸凸台,插入基准面,绘制右侧圆形草图,拉伸凸台成形到下一面,右侧内孔拉伸切除,在生成的三通管基体上,在三个管口多次使用拉伸凸台(薄壁)。推荐的建模步骤如图 1-64所示。

图 1-63

3. 三通管建模过程

（1）选择上视基准面为草图平面，单击"草图绘制"，分别绘制直径为 24 mm、30 mm 的两个圆，如图 1-65 所示。

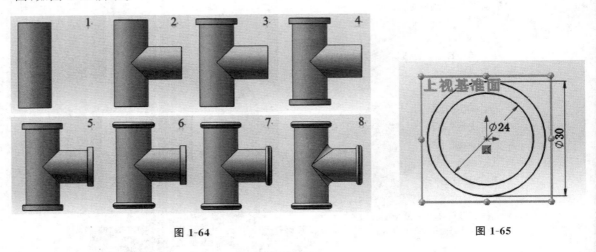

图 1-64

图 1-65

单击特征"拉伸凸台"，从"草图基准面"，方向"两侧对称"，距离 80.00 mm，如图 1-66 所示。

图 1-66

（2）单击特征"参考几何体"，选择"基准面"，第一参考"右视基准面"，距离 45.00 mm，如图 1-67 所示。

选择基准面 1，单击"草图绘制"，绘制直径为 30 mm 的圆，如图 1-68 所示。

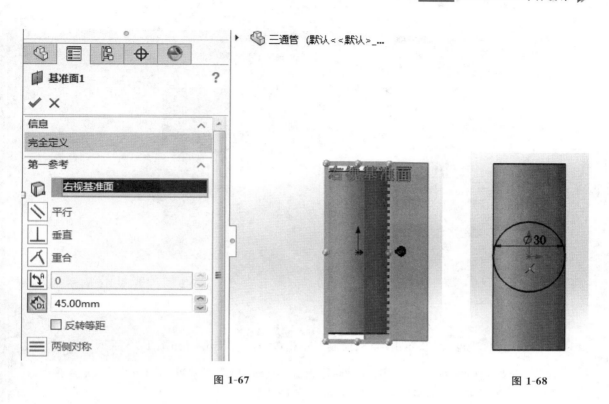

图 1-67   图 1-68

单击特征"拉伸凸台",从"草图基准面",方向"成形到一面",如图 1-69 所示。

（3）选择右视基准面,单击"草图绘制",绘制一个直径为 24 mm 的圆,如图 1-70 所示。

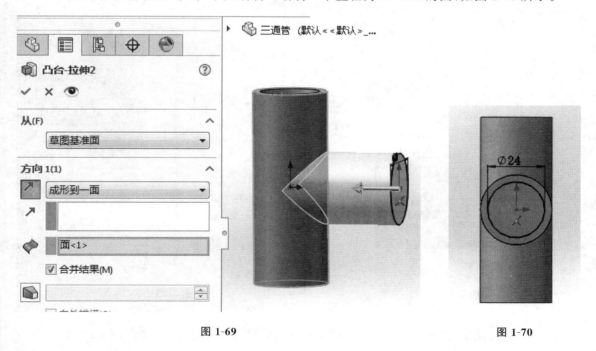

图 1-69   图 1-70

单击特征"拉伸切除",从"草图基准面",方向"给定深度",距离 45.00 mm,如图 1-71 所示。

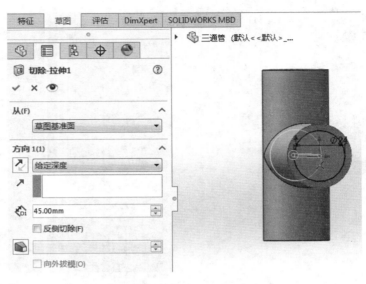

图 1-71

（4）选择圆柱上端表面，单击"草图绘制"，单击 ，距离 3 mm，如图 1-72 所示。

单击特征"拉伸凸台"，出现特征"拉伸-薄壁1"，拉伸从"草图基准面"，方向"给定深度"，距离 5.00 mm。薄壁特征"单向"，距离 4.00 mm，如图 1-73 所示。

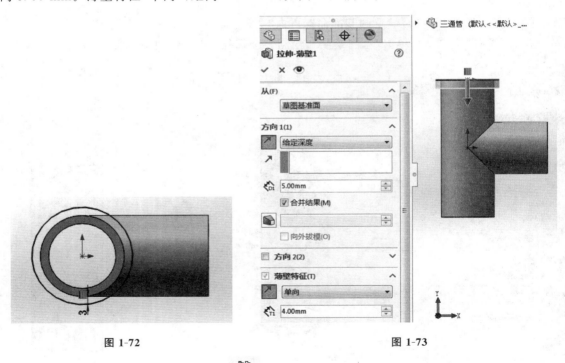

图 1-72   图 1-73

（5）单击特征"线性阵列"下三角 ，单击"镜向" ，镜向面"上视基准面"，如图 1-74 所示。

（6）选择圆柱右侧表面，单击"草图绘制"，单击 等距实体，距离 3 mm，如图 1-75 所示。

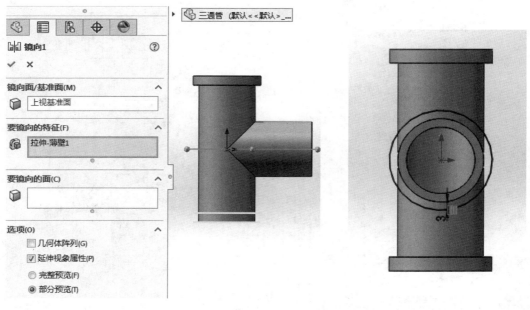

图 1-74   图 1-75

单击特征"拉伸凸台"，出现特征"拉伸-薄壁 2"，拉伸从"草图基准面"，方向"给定深度"，距离 5.00 mm。薄壁特征"单向"，距离 4.00 mm，如图 1-76 所示。

图 1-76

（7）单击特征"圆角 1"，圆角参数中设置半径为 2.00 mm，如图 1-77 所示。

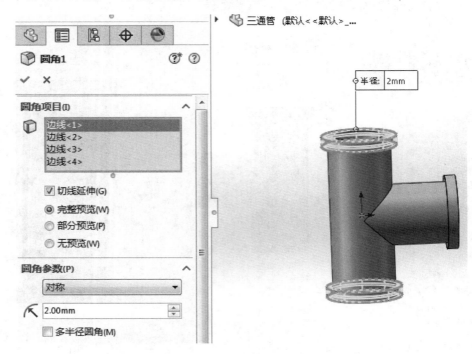

图 1-77

单击"确定"按钮，完成上、下圆柱端面圆角的绘制。

单击特征"圆角 2"，圆角参数中设置半径为 2.00 mm，如图 1-78 所示。

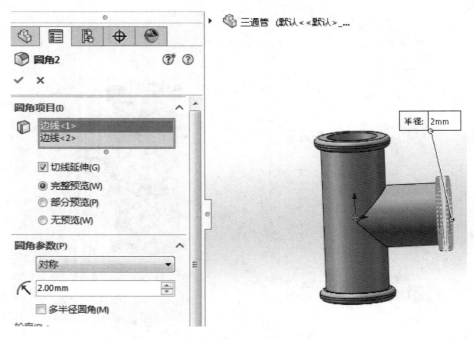

图 1-78

单击"确定"按钮,完成右侧圆柱端面圆角的绘制。

单击特征"圆角 3",圆角参数中设置半径为 5.00 mm,如图 1-79 所示。

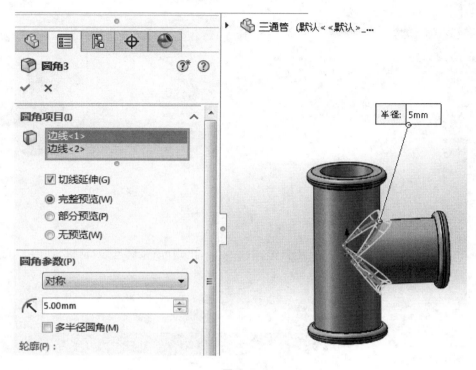

图 1-79

单击"确定"按钮,完成相贯线圆角的绘制。

(8) 右键单击设计树 中的材质 ,单击"编辑材料",如图 1-80 所示。

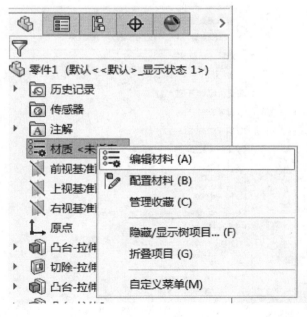

图 1-80

选择"solidworks materials""铝合金""1060 合金",单击"应用"按钮,如图 1-81(a)所示。再次单击"应用"按钮,如图 1-81(b)所示。

图 1-81

(9) 质量、重心分析:选择"评估"项目组,单击质量属，出现"质量属性"对话框,如图 1-82 所示。

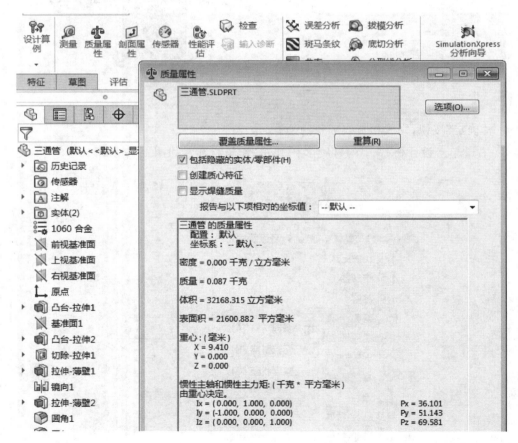

图 1-82

该三通管重心位置(红色):X=9.410 mm,Y=0.000 mm,Z=0.000 mm,零件原点位置

（蓝色）：X＝Y＝Z＝0 mm，如图 1-83 所示。

单击"保存"按钮，将名为三通管. sldprt 的零件图保存到指定文件夹中。

小结：

该零件建模用到了拉伸凸台、参考几何体、拉伸切除、镜向、圆角等特征，确定了零件的材质，并进行了质量属性分析，这些为零件设计之后的制造加工、性能分析提供了参考。

五、复杂零件建模

1. 复杂零件 3D 视图

复杂零件 3D 视图如图 1-84 所示。

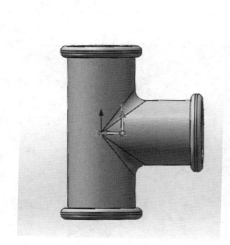

图 1-83

图 1-84

2. 复杂零件建模思路

从零件三维视图可以看出，复杂零件模型是由简单的特征构成的，该零件多次采用拉伸凸台、拉伸切除特征，在不同面上切槽和开通孔。推荐的建模步骤如图 1-85 所示。

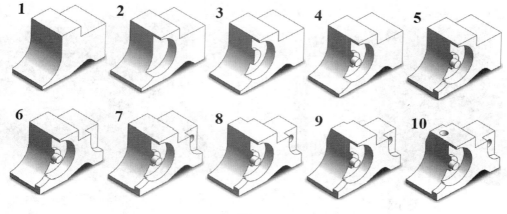

图 1-85

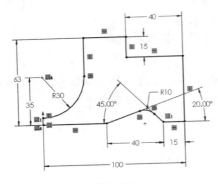

图 1-86

3. 复杂零件建模过程

（1）打开 SolidWorks 软件，新建一个零件图，确定右下角的单位系统为 MMGS。

（2）选择右视基准面，单击"草图绘制"，绘制图 1-86 所示的草图。

单击特征"拉伸凸台"，从"草图基准面"，方向"给定深度"，距离 50.00 mm，单击"确定"按钮，如图 1-87 所示。

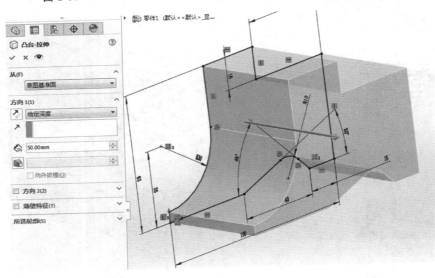

图 1-87

（3）选择图 1-88 所示的高亮面，单击鼠标右键，选择"草图绘制"，插入一个新草图。

在草图中，以之前圆弧和直线之间的切点为圆心，画一个直径为 50 mm 的圆，如图 1-89 所示。

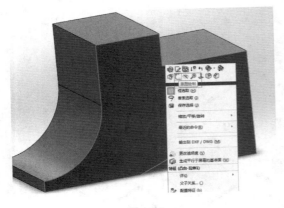

图 1-88

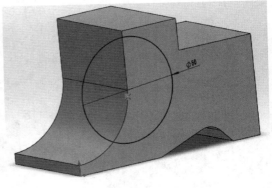

图 1-89

单击特征"拉伸切除"，从"草图基准面"，方向"给定深度"，距离 13.00 mm，单击"确定"按钮,如图 1-90 所示。

（4）选择刚生成的切除面,新建一个草图,使用圆弧和直线的切点作为圆心,画一个直径为 20 mm 的圆,如图 1-91 所示。

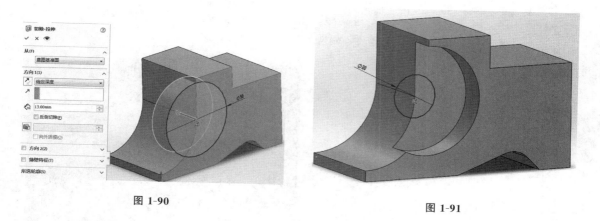

图 1-90　　　　　　　　　　　　　　　　图 1-91

按住 Ctrl 键,选择图 1-92 中高亮的直线和圆弧,松开 Ctrl 键,单击草图工具栏中的"转换实体引用"。

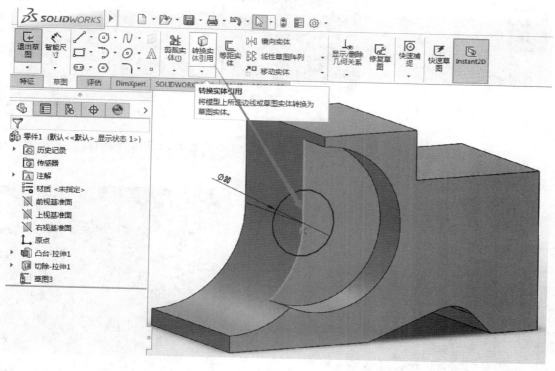

图 1-92

单击"剪裁实体",剪裁类型选择"剪裁到最近端",单击图 1-93 所示的 3 段草图实体。单击"确定"按钮,完成草图绘制。

单击特征"拉伸凸台",从"草图基准面",方向"给定深度",距离 5.00 mm,如图 1-94 所示,单击"确定"按钮。

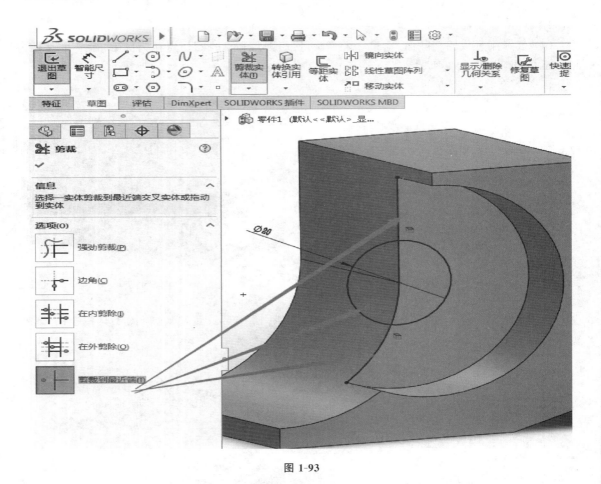

图 1-93

（5）选择刚生成的凸台面，新建一个草图，使用圆弧和直线的切点作为圆心，生成一个直径为 10 mm 的圆，如图 1-95 所示。

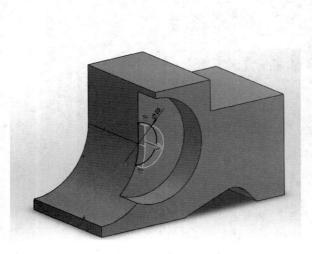

图 1-94

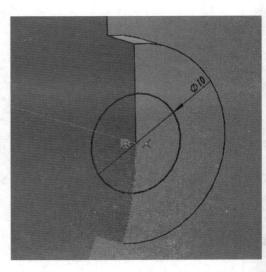

图 1-95

单击特征"拉伸凸台",从"草图基准面",方向"给定深度",距离 8.00 mm,如图 1-96 所示,单击"确定"按钮。

（6）选择图 1-97 所示的高亮面,单击鼠标右键,选择"草图绘制"。

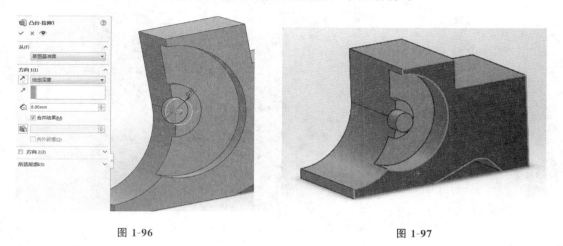

图 1-96   图 1-97

按住 Ctrl 键,选择图 1-98 中高亮的直线和圆弧,松开 Ctrl 键,单击"转换实体引用"。

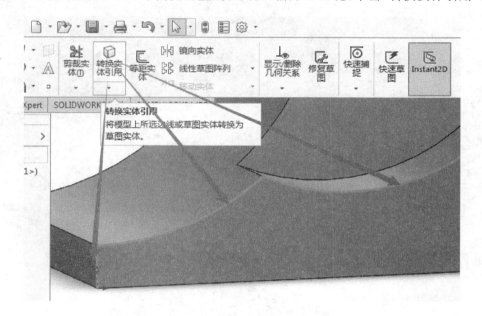

图 1-98

单击草图中的"等距实体",距离 5.00 mm,选择"反向",如图 1-99 所示,单击"确定"按钮。

单击草图中的"剪裁实体",剪裁类型选择"边角",依次选择图 1-100 中的四条线段。

单击"确定"按钮,完成草图绘制。

单击"剪裁实体",剪裁类型选择"剪裁到最近端",单击图 1-100 中的 1、3 线段,生成草图实体,如图 1-101 所示。

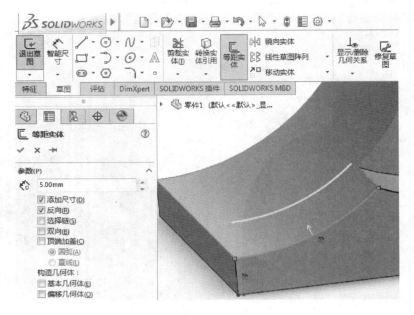

图 1-99

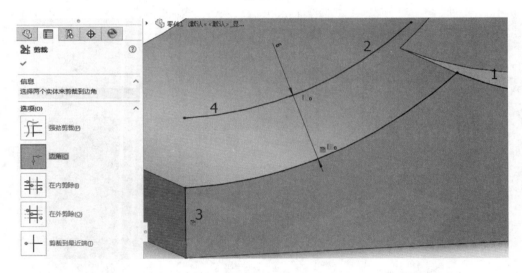

图 1-100

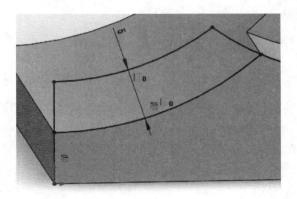

图 1-101

单击特征"拉伸凸台",从"草图基准面",方向"给定深度",距离 8.00 mm,如图 1-102 所示,单击"确定"按钮。

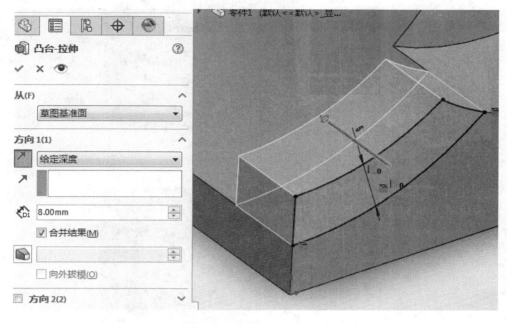

图 1-102

（7）选择图 1-103 所示的高亮面,单击鼠标右键,选择"草图绘制"。

绘制草图,其中半径为 20 mm 的圆弧的圆心与模型的边线重合,圆心和底部模型边线的距离为 35 mm,如图 1-104 所示。

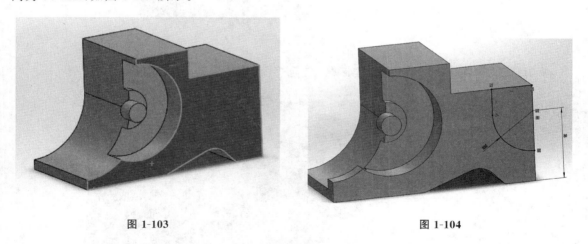

图 1-103   图 1-104

单击"拉伸切除",从"草图基准面",方向"给定深度",距离 9.00 mm,如图 1-105 所示,单击"确定"按钮。

（8）选择刚生成的拉伸切除后的特征面,新建一个草图,绘制一个直径为 10 mm 的圆,设定圆心和模型边线的距离为 10 mm,给圆心和模型中的点添加水平的几何关系,如图 1-106 所示。

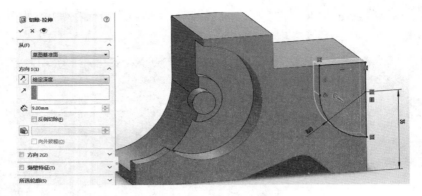

图 1-105

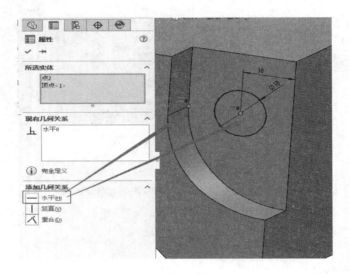

图 1-106

单击特征"拉伸切除",从"草图基准面",方向"完全贯穿",如图 1-107 所示。

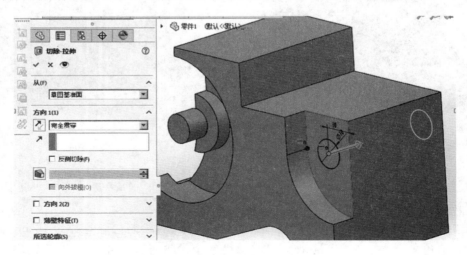

图 1-107

（9）左键单击图 1-108 所示的高亮面，在弹出的对话框中选择"正视于"。

选择高亮的面，新建一个草图，绘制一个 12 mm×50 mm 的矩形，如图 1-109 所示。

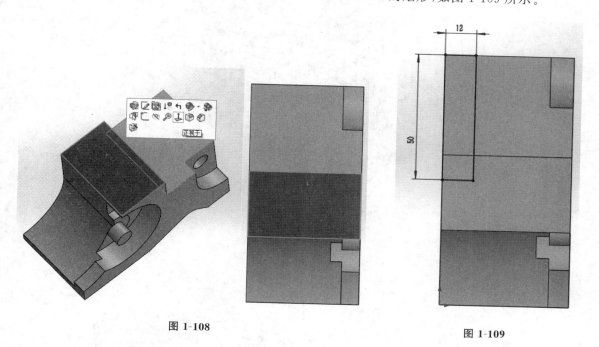

图 1-108　　　　　　　　　　　　　　　　　　　　　　图 1-109

单击特征"拉伸切除"，从"草图基准面"，方向"完全贯穿"，如图 1-110 所示。

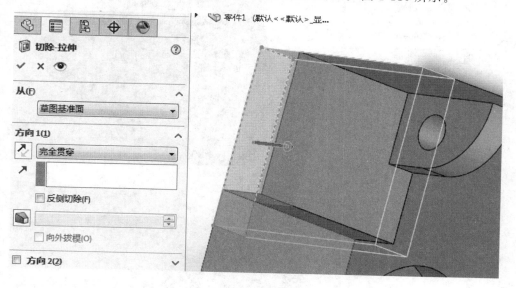

图 1-110

（10）选择高亮的面，新建一个草图，绘制一个三角形，尺寸如图 1-111 所示。

单击特征"拉伸切除"，从"草图基准面"，方向"完全贯穿"，如图 1-112 所示。

（11）选择上端平面，新建一个草图，画一个直径为 10 mm 的圆，如图 1-113 所示。

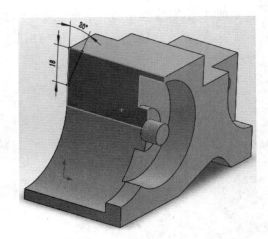

图 1-111

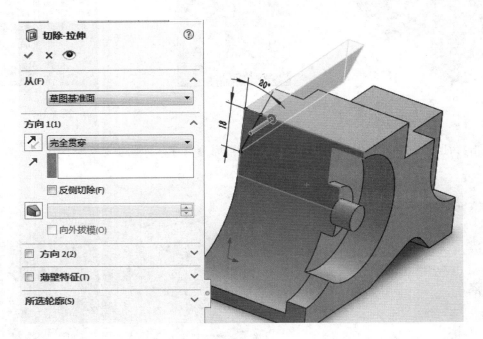

图 1-112

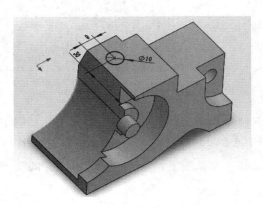

图 1-113

单击特征"拉伸切除",从"草图基准面",方向"完全贯穿",如图 1-114 所示。

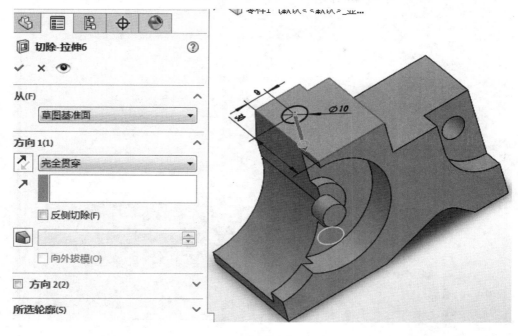

图 1-114

完成的模型如图 1-115 所示。

（12）在设计树 中，右键单击"材质"，选择"编辑材料"，如图 1-116 所示。

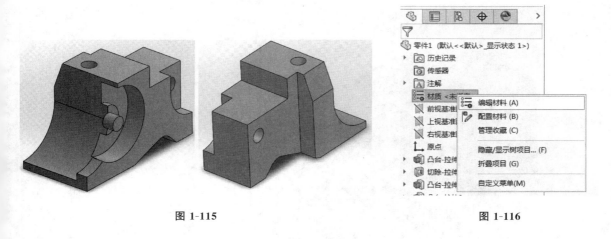

图 1-115   图 1-116

在弹出的对话框中选择"solidworks materials""铝合金""1060 合金"，如图 1-117 所示。

单击"应用"按钮，就会给模型添加材质属性，模型的外观也会发生变化。用户可以切换使用不同的材料，但应注意属性栏中关于弹性模量、质量密度等数值也会跟着发生变化。

（13）测量零件的重心和质量：单击评估工具栏中的 质量属性 ，可以方便地查看零件的质量属性，如图 1-118 所示。

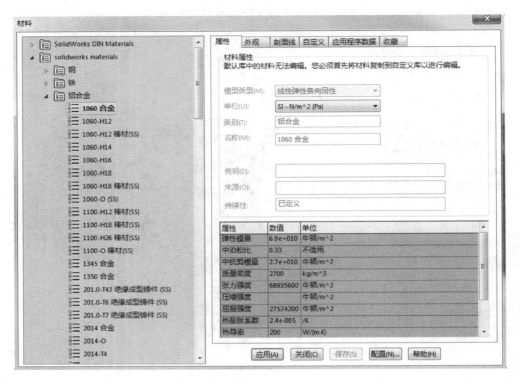

图 1-117

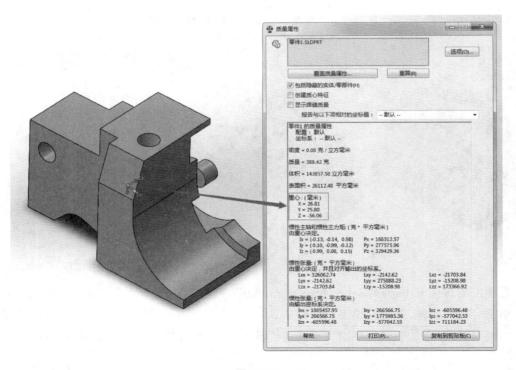

图 1-118

借助质量属性工具,用户可以方便地查阅零件的质量、重心坐标位置和惯性力矩、惯性张量等参数。

小结:

该零件建模多次使用了拉伸凸台、拉伸切除等特征,确定了零件的材质,并进行了质量属性分析,这些为零件设计之后的制造加工、性能分析提供了参考。

◀ 任务 3 技能训练 ▶

【学习要点】

◇ 熟练掌握 SolidWorks 常用特征

◇ 掌握典型零件三维建模过程

◇ 动手绘制零件三维模型及修改尺寸

◇ 掌握零件不同的建模过程

◇ 编辑零件材料

◇ 分析零件的质量和重心

一、BOX2 零件设计

根据零件三维视图,自拟建模步骤,并设计绘制出该零件图。

1. BOX2 零件 3D 视图

BOX2 零件 3D 视图如图 1-119 所示。

2. BOX2 零件建模顺序参考

BOX2 零件建模顺序参考图 1-120 所示。

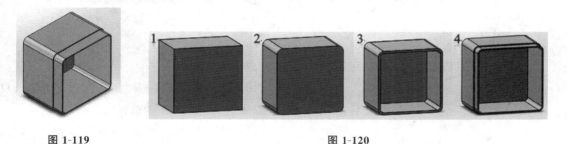

图 1-119　　　　　　　　　　　　　　　　　　　图 1-120

3. BOX2 零件建模过程参考

(1) 在菜单栏"文件"中选择"新建"命令,新建一个零件图。

(2) 选择前视基准面为草图平面,插入一个新草图。

(3) 使用边角矩形命令,绘制一个 120 mm×120 mm 的矩形草图。

(4) 使用拉伸凸台命令,创建一个深度为 90 mm 的凸台。

（5）使用圆角命令，给矩形的 4 条边线创建半径为 10 mm 的圆角。

（6）使用抽壳命令，厚度为 4 mm。

（7）选择图 1-121 中高亮显示的面，单击"草图绘制"，右键单击外层边线，则外层边线被选中，单击"选择相切"，最后单击"转换实体引用"。

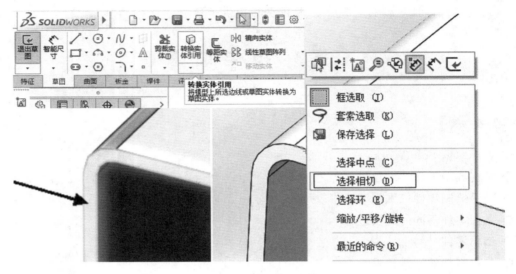

图 1-121

（8）使用"等距实体"命令，设定等距距离为 2 mm，完成草图，如图 1-122 所示。

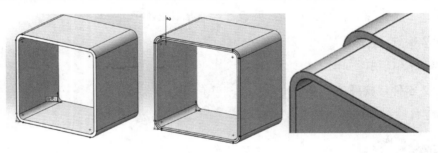

图 1-122

（9）使用拉伸切除命令，深度设定为 20 mm，完成零件的建模。

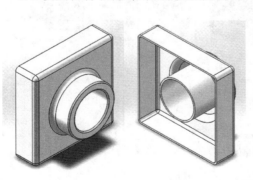

图 1-123

（10）在设计树中右击"材质"，选择"编辑材料"，选定材料为"1023 碳钢板"。

（11）保存零件，命名为 BOX2.sldprt。

二、BOX1 零件设计

根据零件三维视图，自拟建模步骤，并设计绘制出该零件图。

1. BOX1 零件 3D 视图

BOX1 零件 3D 视图如图 1-123 所示。

2. BOX1 零件建模顺序参考

BOX1 零件建模顺序参考图 1-124 所示。

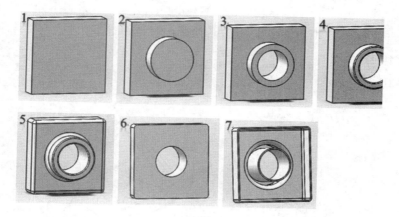

图 1-124

3. BOX1 零件建模过程参考

（1）在菜单栏"文件"中选择"新建"命令，新建一个零件图。

（2）选择前视基准面，右键单击，选择"草图绘制"。也可以先单击拉伸特征，左键单击选中基准面后，会自动进入草图状态。

（3）使用边角矩形命令，绘制一个 120 mm×120 mm 的矩形草图。

（4）使用拉伸凸台命令，创建一个深度为 30 mm 的凸台。

（5）在基体特征的顶面上单击右键，在弹出的快捷菜单中选择"草图绘制"，绘制一个直径为 70 mm 的圆。

（6）使用拉伸凸台命令，创建一个深度为 25 mm 的凸台。

（7）在凸台端面上单击右键，选择"草图绘制"，绘制一个直径为 50 mm 的圆。

（8）使用拉伸切除命令，深度设定为完全贯穿。

（9）使用圆角命令，按图 1-125 所示分别添加半径为 5 mm 和 1.5 mm 的圆角。

图 1-125

（10）将零件旋转至模型背面，使用抽壳命令，厚度设定为 2.00 mm，如图 1-126 所示。

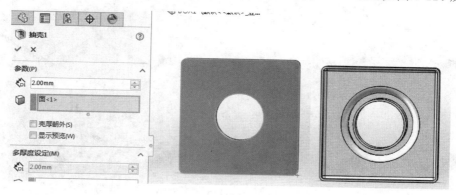

图 1-126

(11) 保存零件,命名为 BOX1. sldprt。

三、复杂零件设计

根据零件三维视图,自拟建模步骤,并设计绘制出该零件图。

1. 复杂零件 3D 视图

复杂零件 3D 视图如图 1-127 所示。

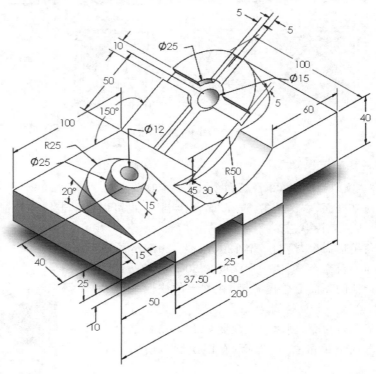

图 1-127

2. 复杂零件建模顺序参考

复杂零件建模顺序参考如图 1-128 所示。

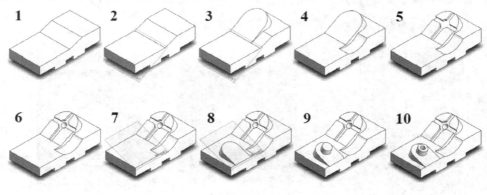

图 1-128

3. 复杂零件建模过程参考

（1）单击菜单栏中的"新建"命令，选择零件模板，创建一个新零件，确定单位系统为"MMGS"。

（2）选择右视基准面，单击"草图绘制"，绘制草图如图 1-129 所示。

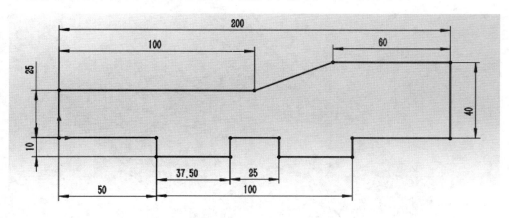

图 1-129

单击特征"拉伸凸台"，从"草图基准面"，方向"给定深度"，距离 100.00 mm，单击"确定"按钮。

（3）单击特征"参考几何体"，选择"基准面"。在基准面中，选择第一参考为图 1-130 中的边线，选择第二参考为图 1-130 中的面，且基准面与模型面夹角为 30°，选择"反转等距"，单击"确定"按钮。

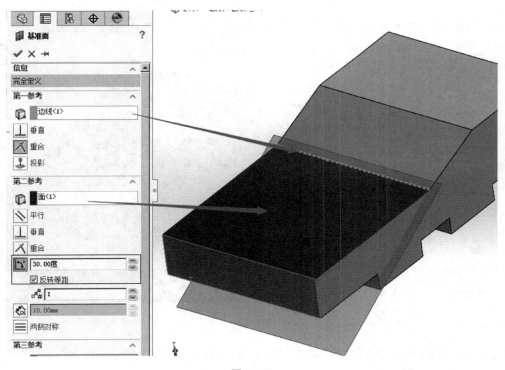

图 1-130

（4）选择基准面 1，单击"草图绘制"，绘制草图如图 1-131 所示。注意，圆弧和直线部分保持相切的几何关系。

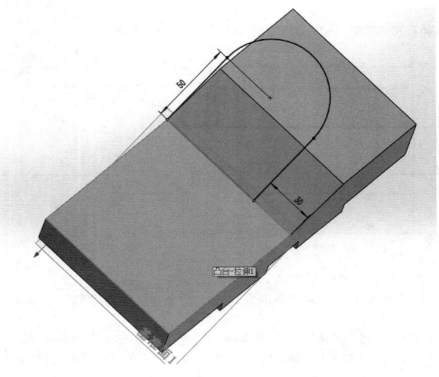

图 1-131

单击特征"拉伸凸台"，从"草图基准面"，方向"成形到下一面"，如图 1-132 所示。

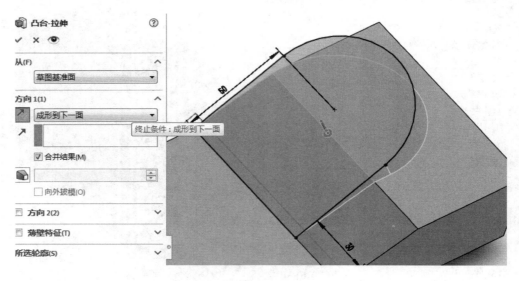

图 1-132

（5）单击图 1-133 中高亮的面，单击"草图绘制"，绘制图 1-133 所示的圆弧。

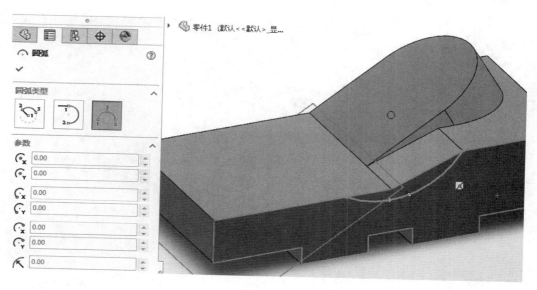

图 1-133

注意:圆弧的上端点和模型中三条边线的交点重合,圆弧的圆点和模型中高亮的边线距离为 45 mm,圆弧的半径为 50 mm,再绘制两条直线,形成闭合的草图轮廓,如图 1-134 所示。

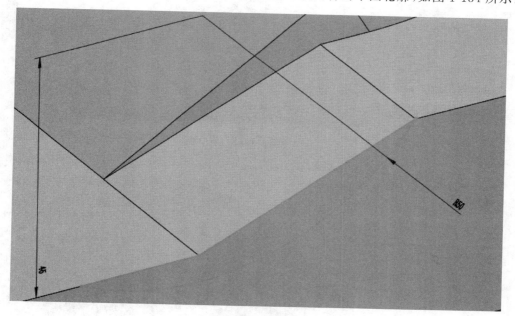

图 1-134

单击特征"拉伸切除",从"草图基准面",方向"成形到下一面"。

(6)选择零件的斜面,单击"草图绘制",绘制直径为 25 mm 的圆,如图 1-135 所示。

单击草图"等距实体",对两条中心线进行双向等距,距离为 5.00 mm。注意使用"顶端加盖"功能,设定加盖的草图线为"直线",如图 1-136 所示。

单击草图"剪裁实体",选择"在内剪除",先单击图 1-137 中高亮的圆,再单击圆内部的草图线,将圆内部的草图线删除,如图 1-137 所示。

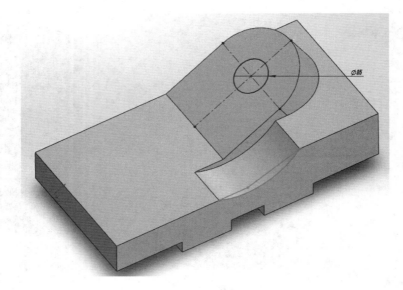

图 1-135

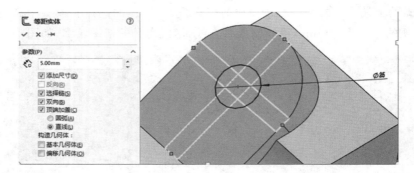

图 1-136

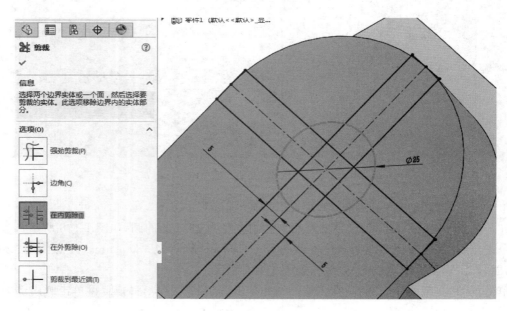

图 1-137

完成剪裁后,再选中"剪裁到最近端",剪裁多余部分的圆弧,如图 1-138 所示。

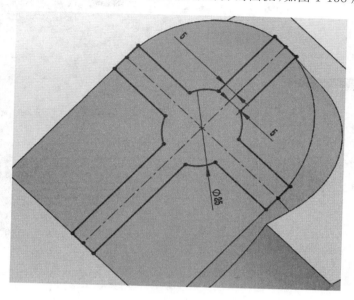

图 1-138

单击特征"拉伸切除",从"草图基准面",方向"给定深度",距离 5.00 mm,单击"确定"按钮。

(7) 选择圆内部表面,单击"草图绘制",绘制一个直径为 16 mm 的圆,再单击特征"拉伸切除",从"草图基准面",方向"完全贯穿",如图 1-139 所示。

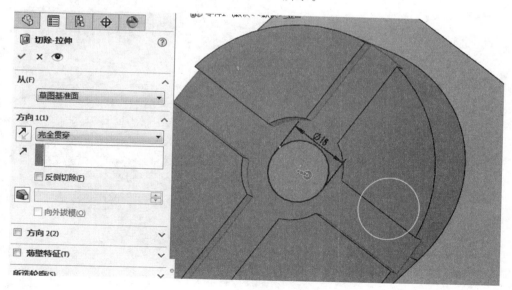

图 1-139

(8) 单击特征"参考几何体",选择"基准面"。选择第一参考为模型边线,选择第二参考为模型面,且基准面与模型面夹角为 20°,选择"反转等距",如图 1-140 所示,单击"确定"按钮。

(9) 选择基准面 2,单击"草图绘制",绘制草图如图 1-141 所示。

单击特征"拉伸凸台",从"草图基准面",方向"成形到下一面",单击"确定"按钮。

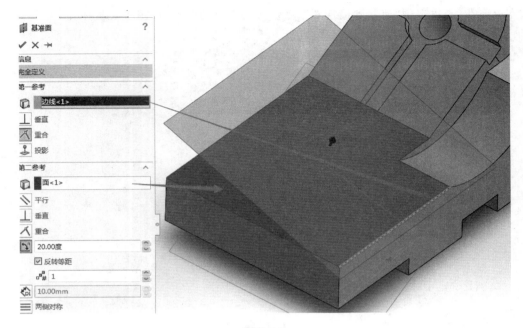

图 1-140

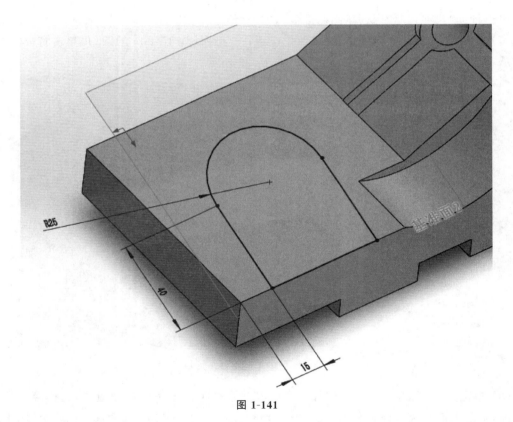

图 1-141

（10）选择新生成的特征面，单击"草图绘制"，绘制一个直径为 25 mm 的圆，再单击特征"拉伸凸台"，从"草图基准面"，方向"给定深度"，距离 15.00 mm，如图 1-142 所示，单击"确定"按钮。

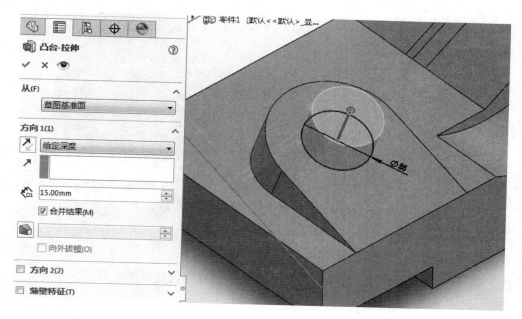

图 1-142

（11）选择凸台表面，单击"草图绘制"，绘制一个直径为 12 mm 的圆，再单击特征"拉伸切除"，从"草图基准面"，方向"完全贯穿"，如图 1-143 所示，单击"确定"按钮。

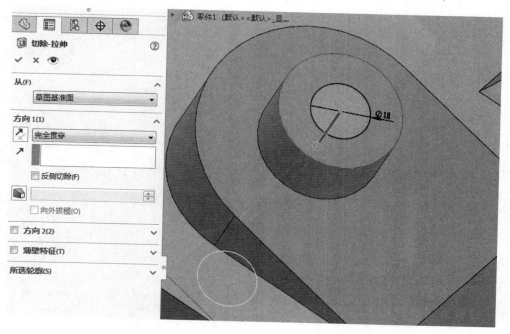

图 1-143

（12）在特征树中，右键单击"材质"，选择"编辑材料"，选择"solidworks materials""钢""合金钢"，单击"应用"按钮。注意模型的颜色会有改变，如图 1-144 所示。

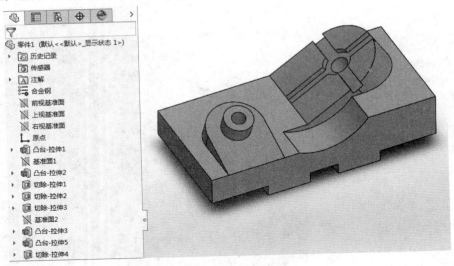

图 1-144

单击"保存"按钮，将名为异型件.sldprt 的零件图保存到指定文件夹中。

工业机器人本体设计

根据国际标准化组织(ISO)对工业机器人的定义,工业机器人是一种多用途的、可重复编程的自动控制操作机,拥有三个或更多可编程的轴,拥有生产效率高、产品品质稳定、劳动力成本低廉及操作环境好等优点,主要用于工业自动化领域。

工业机器人的普及是实现自动化生产、提高社会生产效率、推动企业和社会生产力发展的有效手段。随着用工成本的增加,"人口红利"逐渐消失,在这个前提下,机器人产业作为高端智能制造的代表,在新一轮工业革命中将成为制造模式变革的核心和推进制造业产业升级的"发动机"。在我国,机器人的应用是今后发展的一个大趋势。

工业机器人是典型的机电一体化装备,技术附加值很高,应用范围很广,作为先进制造业的支撑技术和信息化社会的新兴产业,将对未来生产和社会发展起到越来越重要的作用。国外专家预测,机器人产业是继汽车、计算机之后出现的新的大型高技术产业。现代化机器人已在汽车工业、医药食品、电子制造等领域广泛应用。

工业机器人机械本体包含手臂、手腕、机械手、基座等,通常基座也称机架,是机器人的身躯。手臂分为大臂和小臂,大臂与基座相连接,小臂一端连接大臂,另一端连接手腕。手臂不仅承受被抓取工件的重量,还承受机械手、手腕和手臂自身的重量,手臂的结构、工作范围、灵活程度、承载大小、定位精度等,直接影响工业机器人的工作性能。手腕是在小臂和机械手之间,用于支撑和调整的部件。机械手也称末端执行器,机械手握住不同的工具,便可以完成不同的工作。例如:机械手握住焊枪,可以进行焊接;握住喷枪,可以进行喷涂。机械手还可以搬运物品、组装零件等。

本项目针对工业机器人机械本体的主要零件进行三维设计与建模,其他零件仅用于机器人各部件的装配体中。

◀ 任务 1 工业机器人底座设计 ▶

【学习要点】

◇ 熟悉工业机器人底座结构
◇ 熟练绘制较复杂草图
◇ 掌握基准面的创建、使用
◇ 掌握较复杂特征创建

一、工业机器人底座 3D 视图

工业机器人底座 3D 视图如图 2-1 所示。

工业机器人底座是整个机器人的支撑部件,设计时要考虑稳定性和刚度。工业机器人底座是固定的,直接连接在地面基础上。在设计之初要考虑其装配体中其他零件的摆放位置。

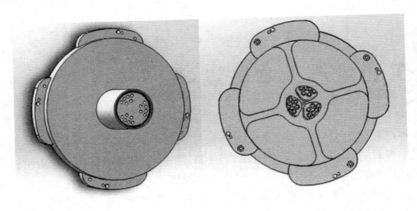

图 2-1

二、工业机器人底座建模思路

推荐的建模顺序如下：

（1）绘制底部圆盘草图,采用拉伸凸台；

（2）绘制上端圆柱草图,采用拉伸凸台；

（3）圆柱顶部小孔采用拉伸切除；

（4）绘制底部槽孔,采用拉伸切除；

（5）绘制底部四个腰形支撑,采用拉伸凸台；

（6）在腰形支撑上打异型孔和两个小孔,圆周阵列四个。

三、工业机器人底座建模过程

（1）新建文件。

单击工具栏中的"新建"命令,选择零件模板,创建一个新零件,如图 2-2 所示。

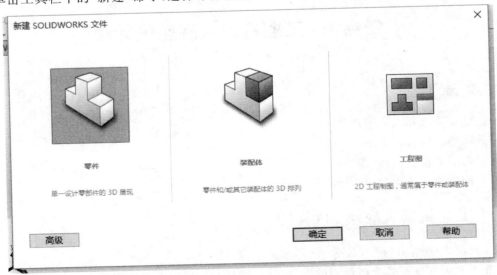

图 2-2

（2）保存文件。

单击菜单栏中的"保存"命令，在弹出的对话框中将零件命名为底座.sldprt，并保存，如图 2-3 所示。注意：模型的命名按照企业相关标准制定，在此不进行详细描述。

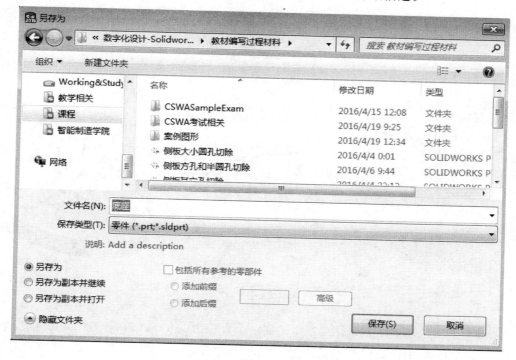

图 2-3

（3）绘制底部圆盘。

选择上视基准面，单击"草图绘制" ，绘制一个直径为 450 mm 的圆，如图 2-4 所示。

单击右上角的 ，保存并退出草图。

在特征树中选择草图 1，单击特征"拉伸凸台"，从"草图基准面"，方向"给定深度"，距离 45.00 mm，如图 2-5 所示。

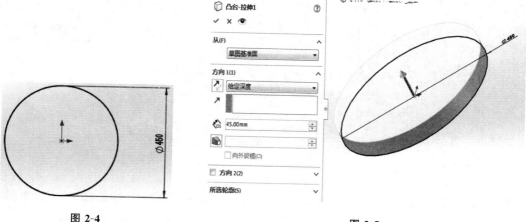

图 2-4　　　　　　　　　　　　　　　　　　**图 2-5**

（4）绘制上端圆柱及顶部小孔。

选择特征"凸台-拉伸1"的上表面，单击"草图绘制"，绘制一个直径为126 mm的圆，如图2-6所示。

单击特征"拉伸凸台"，从"草图基准面"，方向"给定深度"，距离155.00 mm，如图2-7所示。

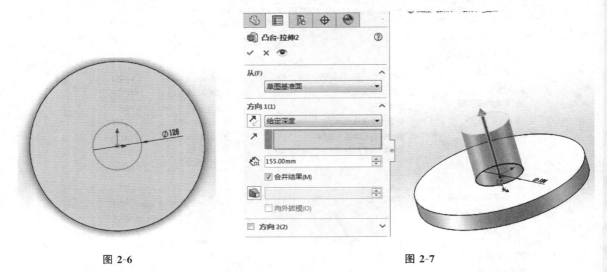

图 2-6　　　　　　　　　　　　　　　　图 2-7

选择圆柱形上表面，单击"草图绘制"，绘制一个直径为118 mm的圆，如图2-8所示。

单击特征"拉伸切除"，从"草图基准面"，方向"给定深度"，距离3.00 mm，如图2-9所示。

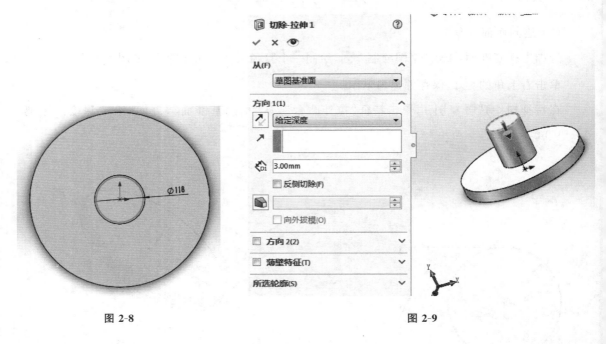

图 2-8　　　　　　　　　　　　　　　　图 2-9

选择"切除-拉伸1"后的表面，单击"草图绘制"，绘制一个直径为113 mm的圆，如图2-10所示。

单击特征"拉伸切除",从"草图基准面",方向"给定深度",距离 1.50 mm,如图 2-11 所示。

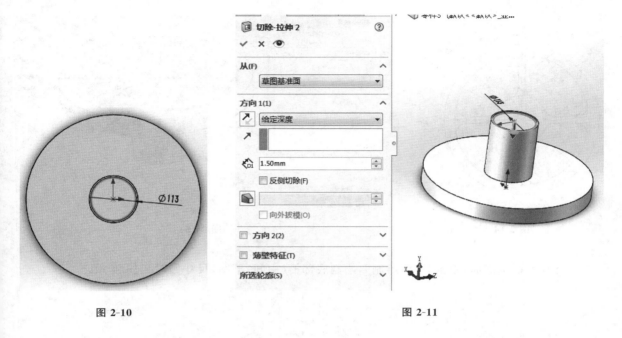

图 2-10   图 2-11

选择"切除-拉伸 2"后的表面,单击"草图绘制",绘制直径为 113 mm、107 mm 的同心圆,如图 2-12 所示。

单击特征"拉伸切除",从"草图基准面",方向"给定深度",距离 1.50 mm,如图 2-13 所示。

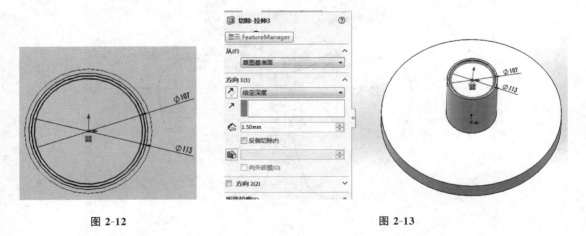

图 2-12   图 2-13

(5) 绘制圆盘底部槽孔。

选择上视基准面,单击"草图绘制",绘制底部槽(四周)草图,尺寸如图 2-14 所示。

单击特征"拉伸切除",从"草图基准面",方向"给定深度",距离 35.00 mm,如图 2-15 所示。

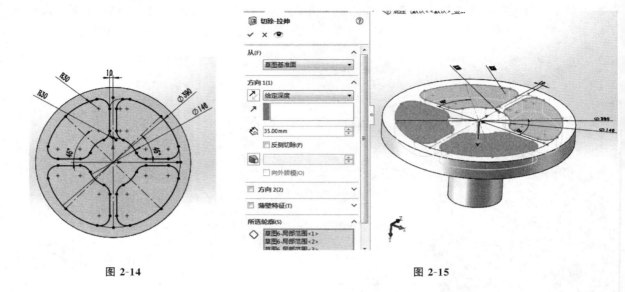

图 2-14   图 2-15

选择上视基准面,单击"草图绘制",绘制底部槽(中间)草图,尺寸如图 2-16 所示。

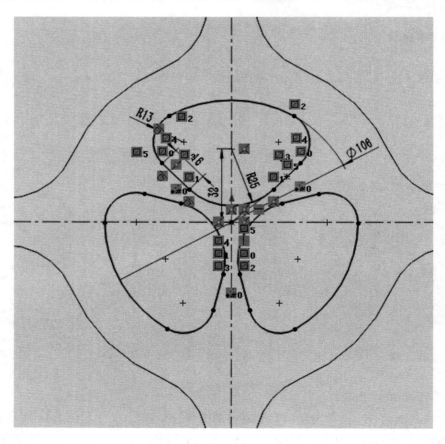

图 2-16

单击特征"拉伸切除",从"草图基准面",方向"给定深度",距离 170.00 mm,如图 2-17 所示。

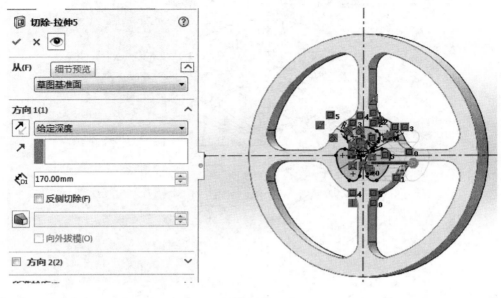

图 2-17

选择底部槽(中间)切除后的表面,单击"草图绘制",如图 2-18 所示。

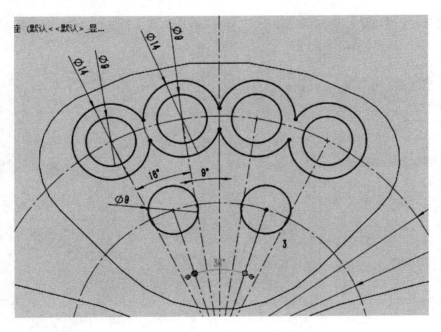

图 2-18

单击圆周阵列 ,数量 3 个,如图 2-19 所示。

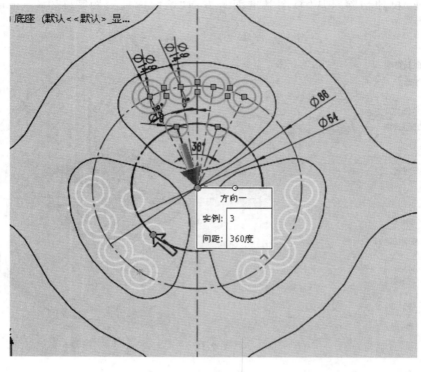

图 2-19

单击特征"拉伸切除",从"草图基准面",方向"给定深度",距离 2.50 mm,"所选轮廓"为所有直径为 14 mm 的圆,如图 2-20 所示。

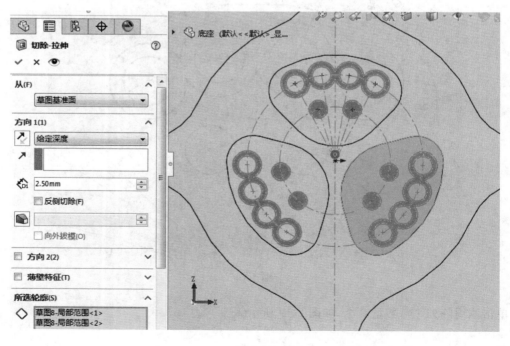

图 2-20

单击特征"拉伸切除",从"草图基准面",方向"完全贯穿","所选轮廓"为所有直径为 9 mm 的圆,如图 2-21 所示。

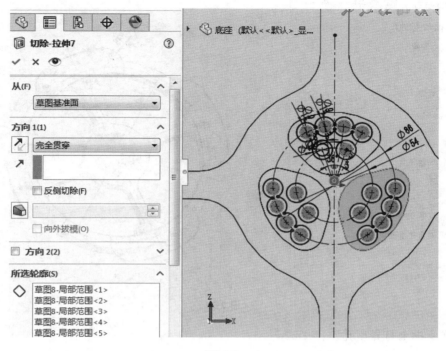

图 2-21

(6)绘制底部四个支撑。

选择上视基准面,单击"草图绘制"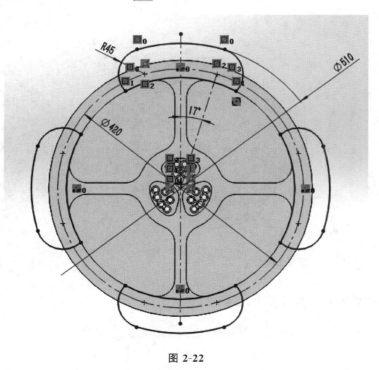,绘制草图如图 2-22 所示。

图 2-22

单击特征"拉伸凸台",等距 5.00 mm,方向"给定深度",距离 25.00 mm,如图 2-23 所示。

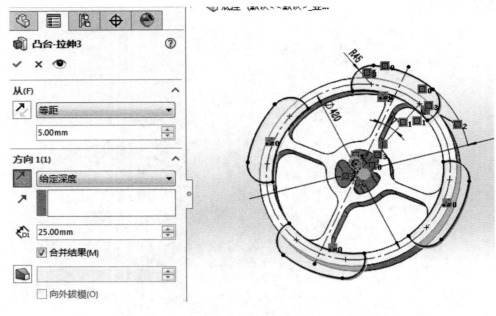

图 2-23

(7) 在支撑上打异型孔。

单击特征"异型孔向导",孔类型"柱形沉头孔",终止条件"完全贯穿",如图 2-24 所示。

单击"位置"选项卡,直接在图形上任意选择一个位置,单击"确定"按钮,然后在草图上修改异型孔位置,如图 2-25 所示。

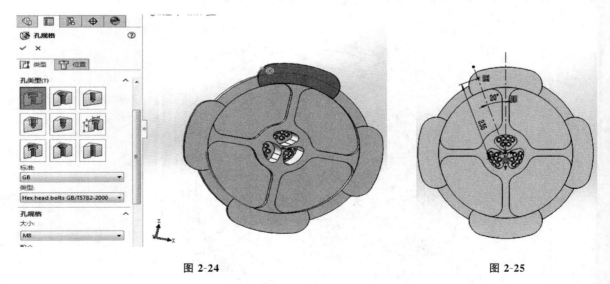

图 2-24   图 2-25

单击特征"圆周阵列",数量 4 个,如图 2-26 所示。

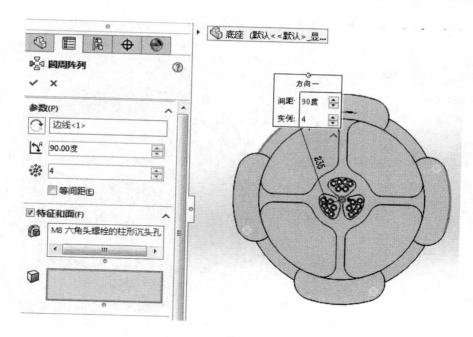

图 2-26

单击"确定"按钮完成。

单击上视基准面,单击"草图绘制",分别绘制直径为 8 mm、12 mm 的两个圆,如图 2-27 所示。

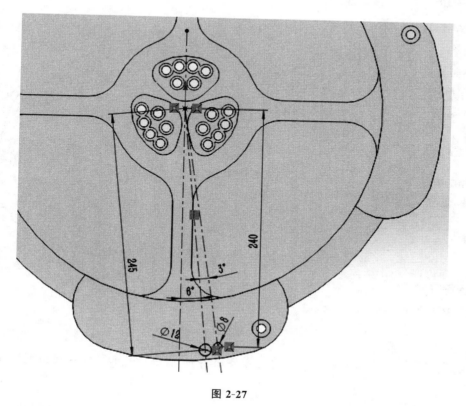

图 2-27

单击特征"拉伸切除",从"草图基准面",方向"完全贯穿",如图 2-28 所示。

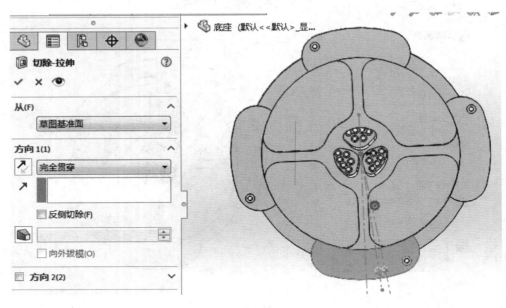

图 2-28

单击特征"圆周阵列",数量 4 个,如图 2-29 所示。

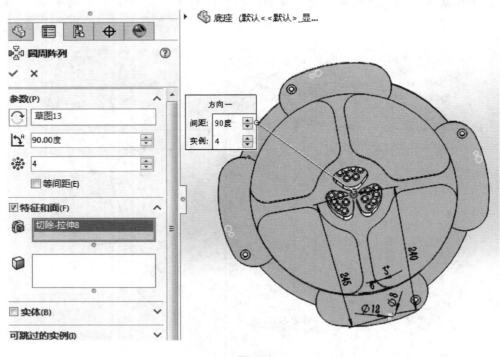

图 2-29

单击"确定"按钮,完成底座设计。将此零件命名为"底座.sldprt",保存在指定文件夹中。

小结：

底座是一个复杂零件,建模过程多次使用了拉伸凸台、拉伸切除、圆周阵列、异型孔向导等特征,每个特征根据设计的不同要求,选择不同的参数与配置,以实现快速高效的零件建模。

◀ 任务 2　工业机器人大臂设计 ▶

【学习要点】

◇ 熟悉工业机器人大臂结构

◇ 熟练绘制较复杂草图

◇ 掌握基准轴、基准面的创建

◇ 掌握较复杂特征创建

一、工业机器人大臂 3D 视图

工业机器人大臂 3D 视图如图 2-30 所示。

工业机器人大臂用于连接底座和小臂,实现机器人的空间运动,手臂要能灵活运动。此外,手臂不仅承受被抓取工件的重量,还承受末端执行器、手腕、手臂自身的重量,它的强度、刚度直接影响机器人整体的运动刚度,在设计过程中,要考虑这些影响因素。

二、大臂建模思路

推荐的建模顺序如下:

(1)绘制腰形底板,拉伸凸台;

(2)抽壳;

(3)绘制上端圆台及小孔;

(4)绘制下端圆台及小孔;

(5)底部中间打四个异型孔;

(6)绘制底部半圆形小凸台;

(7)绘制底部四边形小凸台。

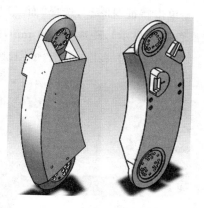

图 2-30

三、大臂建模过程

(1)在 SolidWorks 软件中,新建一个名为“大臂.sldprt”的零件图并保存。

(2)选择前视基准面,单击“草图绘制”,分别绘制半径为 700 mm、600 mm 的大圆弧和直径为 160 mm、190 mm 的小圆,小圆与大圆弧相切,如图 2-31 所示。

单击特征"拉伸凸台",从"草图基准面",方向"给定深度",距离 100.00 mm,如图 2-32 所示。

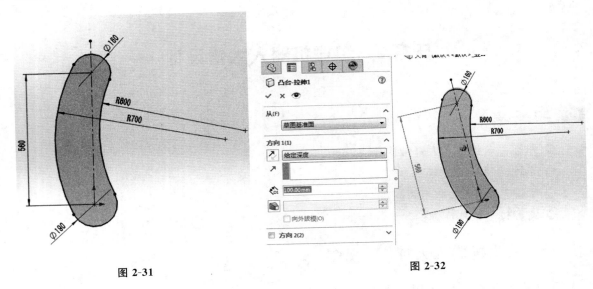

图 2-31   图 2-32

单击特征"抽壳",选择"面<1>"(蓝色高亮显示),距离 15.00 mm;多厚度设定"面<2>"(红色高亮显示),距离 20.00 mm,如图 2-33 所示。

(3) 选择上表面,单击"草图绘制",尺寸如图 2-34 所示。

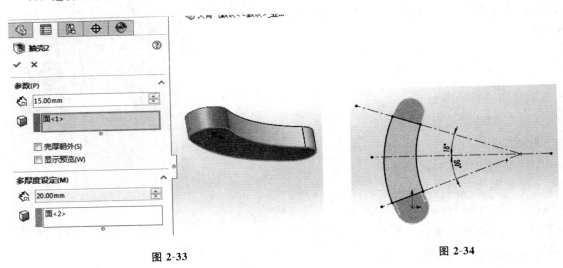

图 2-33   图 2-34

单击特征"拉伸切除",从"草图基准面",方向"给定深度",距离 80.00 mm,选择"反侧切除",如图 2-35 所示。

(4) 选择上端小平面,单击"草图绘制",如图 2-36 所示。

单击特征"拉伸凸台",从"草图基准面",方向"给定深度",距离 80.00 mm,如图 2-37 所示。

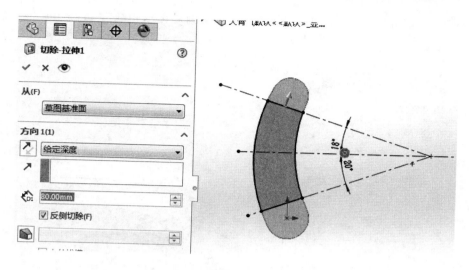

图 2-35

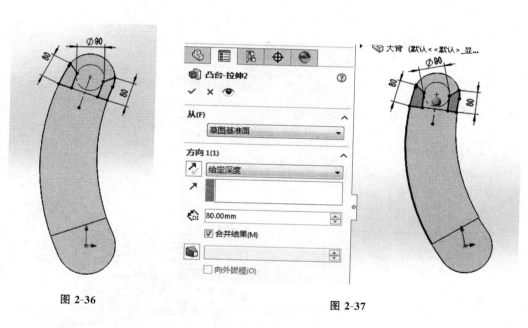

图 2-36

图 2-37

选择一侧板内表面，单击"草图绘制"，如图 2-38 所示。

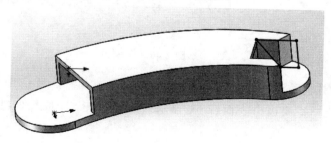

图 2-38

单击特征"拉伸切除",从"草图基准面",方向"两侧对称",距离 380.00 mm(超过大臂宽度),如图 2-39 所示。

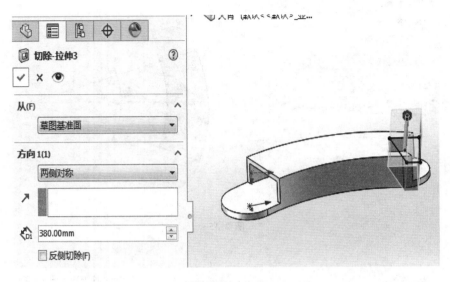

图 2-39

(5)单击特征"参考几何体",在下拉菜单中选择"基准轴",在"基准轴 1"中,选择"面<1>"(高亮显示),单击"确定"按钮,基准轴 1 创建完成,如图 2-40 所示。

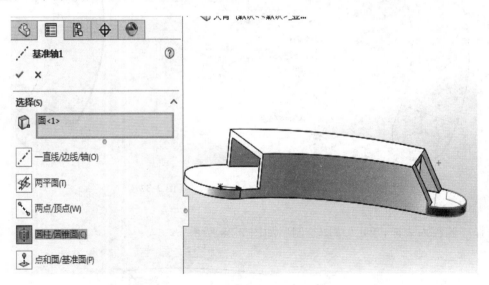

图 2-40

单击特征"参考几何体",在下拉菜单中选择基准面,在"基准面 1"中,第一参考选择"基准轴 1",第二参考选择一侧板内表面(高亮显示),选择"平行",如图 2-41 所示,单击"确定"按钮。

选择基准面 1,单击"草图绘制",绘制一圆凸台草图,如图 2-42 所示。

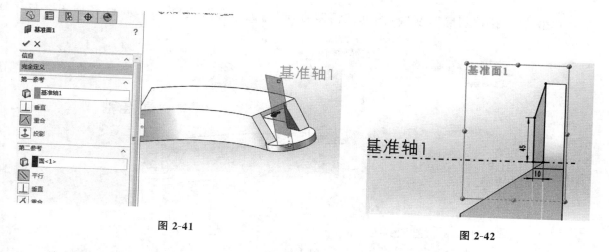

图 2-41

图 2-42

单击特征"旋转凸台",旋转轴选择"基准轴1",方向"给定深度",角度设置为 360.00 度,如图 2-43 所示。

(6) 选择下端小平面,单击"草图绘制",绘制草图如图 2-44 所示。

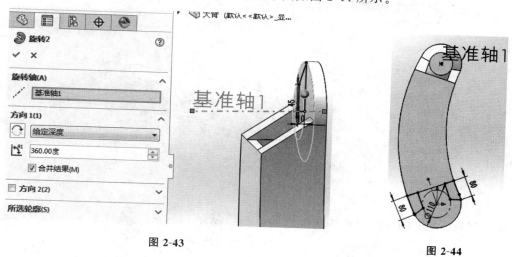

图 2-43

图 2-44

单击特征"拉伸凸台",从"草图基准面",方向"给定深度",距离 80.00 mm,如图 2-45 所示。

选择拉伸后一侧板内表面,单击"草图绘制",如图 2-46 所示。

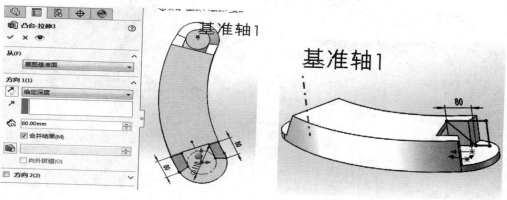

图 2-45

图 2-46

单击特征"拉伸切除",从"草图基准面",方向"两侧对称",距离 380.00 mm,如图 2-47 所示。

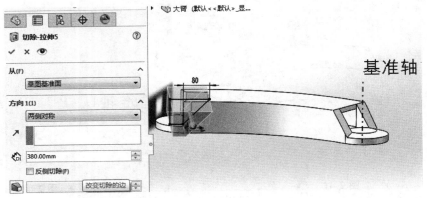

图 2-47

(7) 使用与(5)相同的方法创建基准轴 2,如图 2-48 所示。

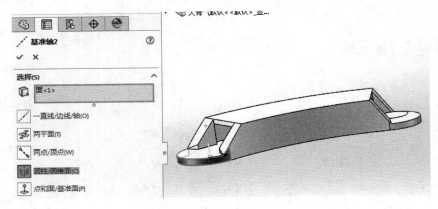

图 2-48

使用与前面相同的方法创建基准面 2,如图 2-49 所示。

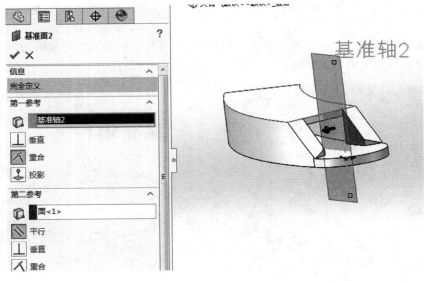

图 2-49

选择基准面 2,单击"草图绘制",绘制一圆凸台草图,如图 2-50 所示。

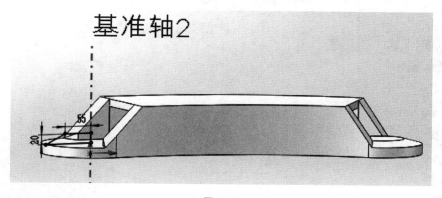

图 2-50

单击特征"旋转凸台",旋转轴选择"基准轴 2",方向"给定深度",角度 360.00 度,如图 2-51 所示。

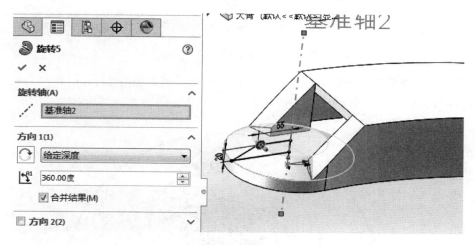

图 2-51

(8)选择右视基准面,单击"草图绘制",绘制一阶梯圆孔草图,如图 2-52 所示。

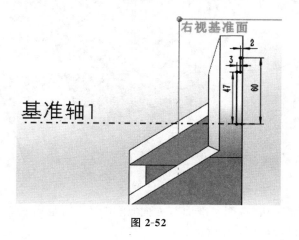

图 2-52

单击特征"旋转切除",旋转轴选择"基准轴1",方向"给定深度",角度 360.00 度,如图 2-53 所示。

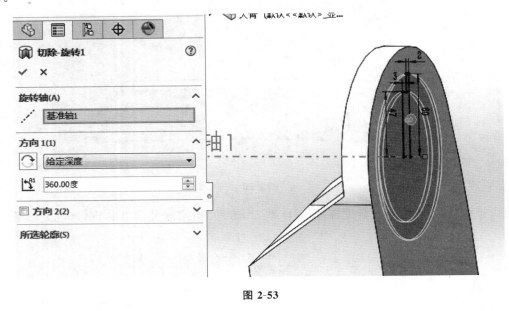

图 2-53

(9) 选择上端部小凸台表面,单击"草图绘制",分别绘制直径为 11 mm、17.5 mm 的圆,再单击"圆周阵列",数量为 3 个,角度为 360.00 度,如图 2-54 所示。

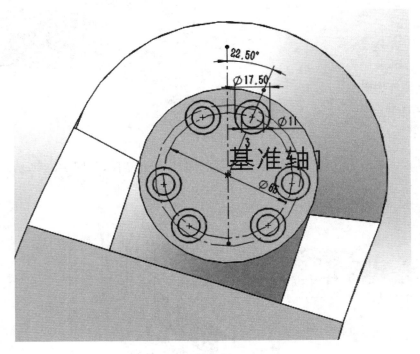

图 2-54

单击特征"拉伸切除",从"草图基准面",方向"给定深度",距离 6.50 mm,"所选轮廓"为所有直径为 17.5 mm 的圆,如图 2-55 所示。

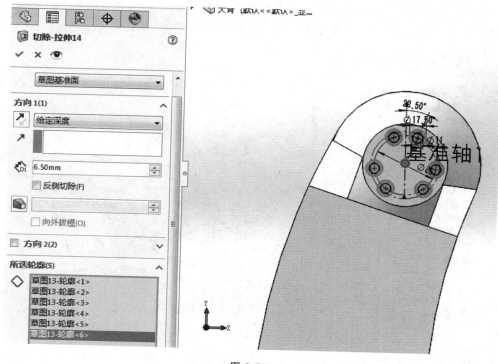

图 2-55

单击特征"拉伸切除",从"草图基准面",方向"完全贯穿","所选轮廓"为所有直径为 11 mm 的圆,如图 2-56 所示。

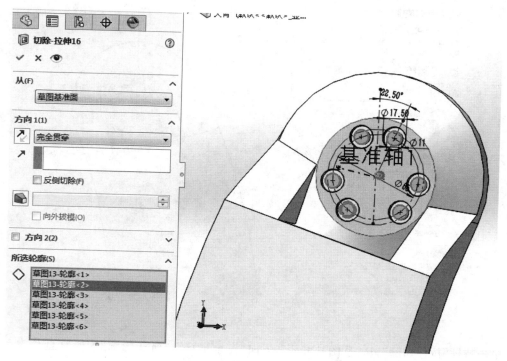

图 2-56

（10）选择上端部小凸台表面，单击"草图绘制"，分别绘制直径为 8.8 mm、11 mm 的圆，再单击"圆周阵列"，数量为 3 个，角度为 360.00 度，如图 2-57 所示。

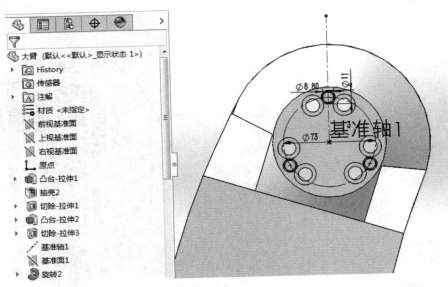

图 2-57

单击特征"拉伸切除"，从"草图基准面"，方向"给定深度"，距离 6.00 mm，"所选轮廓"为所有直径为 11 mm 的圆，如图 2-58 所示。

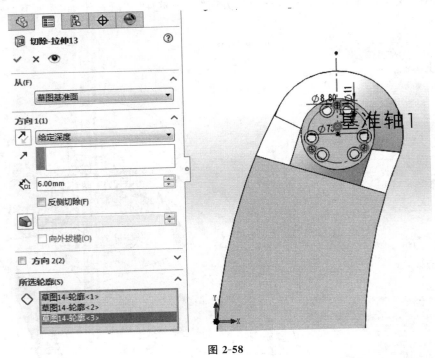

图 2-58

单击特征"拉伸切除"，从"草图基准面"，方向"完全贯穿"，"所选轮廓"为所有直径为 8.8 mm 的圆，如图 2-59 所示。

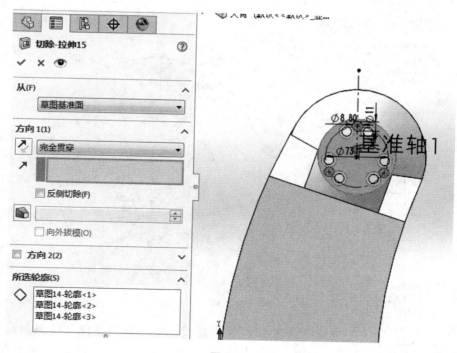

图 2-59

（11）单击"异型孔向导"，孔类型为"直螺纹孔"，标准为"ANSI Inch"，类型为"底部螺纹孔"，大小为"3/8－24"，如图 2-60 所示。

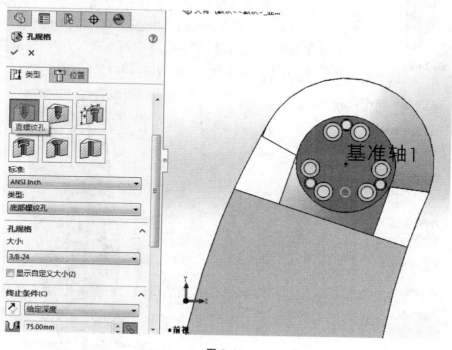

图 2-60

在特征中单击"圆周阵列"，角度为 360.00 度，数量为 3 个，如图 2-61 所示。

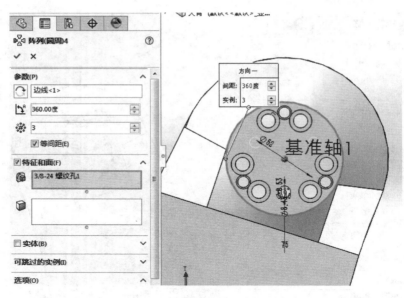

图 2-61

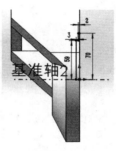

图 2-62

（12）选择右视基准面，单击"草图绘制"，绘制一阶梯圆孔草图，如图 2-62 所示。

单击特征"旋转切除"，旋转轴为"基准轴 2"，方向"给定深度"，角度为 360.00 度，如图 2-63 所示。

（13）选择下端部凸台表面，单击"草图绘制"，分别绘制直径为 9 mm、14 mm 的圆，再单击"草图镜向"，如图 2-64 所示。

单击特征"拉伸切除"，从"草图基准面"，方向"完全贯穿"，"所选轮廓"为所有直径为 9 mm 的圆，如图 2-65 所示。

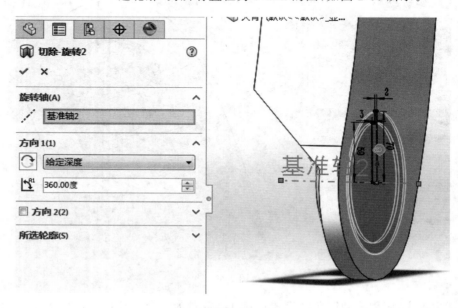

图 2-63

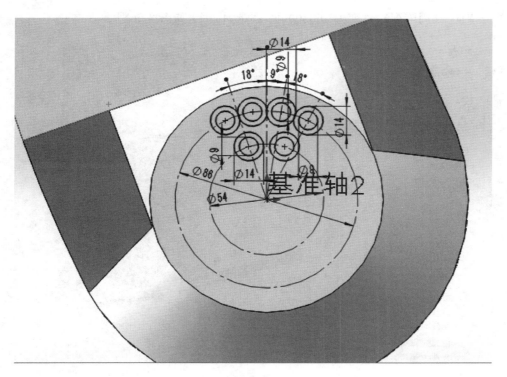

图 2-64

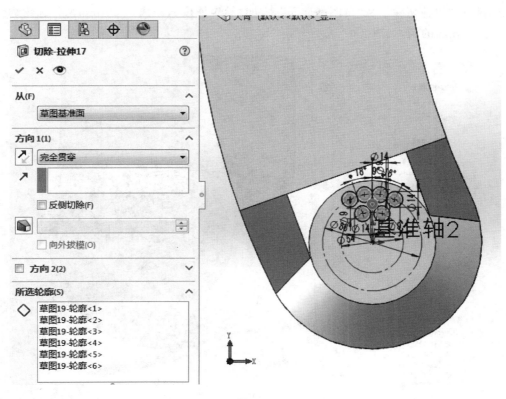

图 2-65

单击特征"圆周阵列",角度为 360.00 度,数量为 3 个,如图 2-66 所示。

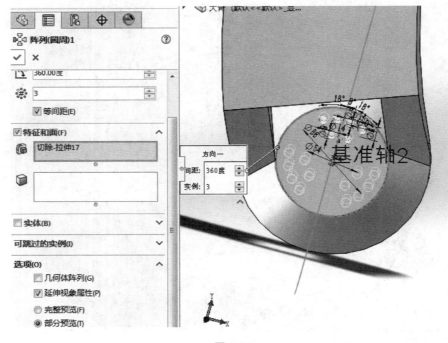

图 2-66

单击特征"拉伸切除",从"草图基准面",方向"给定深度",距离 7.50 mm,"所选轮廓"为所有直径为 11 mm 的圆,如图 2-67 所示。

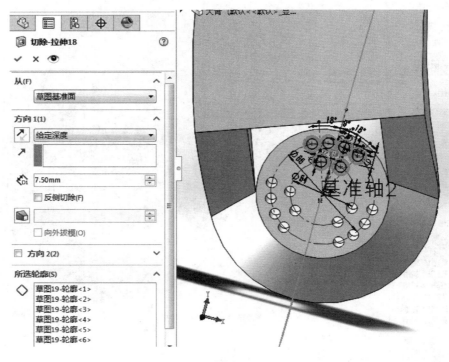

图 2-67

单击特征"圆周阵列",角度为 360.00 度,数量为 3 个,如图 2-68 所示。

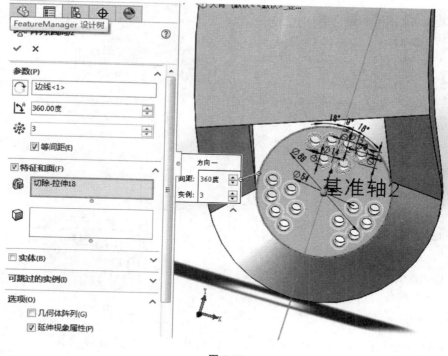

图 2-68

(14)选择大臂底平面,单击"草图绘制",绘制一个直径为 16 mm 的圆,再单击"线性阵列",如图 2-69 所示。

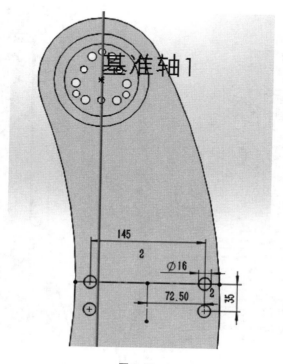

图 2-69

单击特征"拉伸切除",从"草图基准面",方向"给定深度",距离 16.00 mm,如图 2-70 所示。

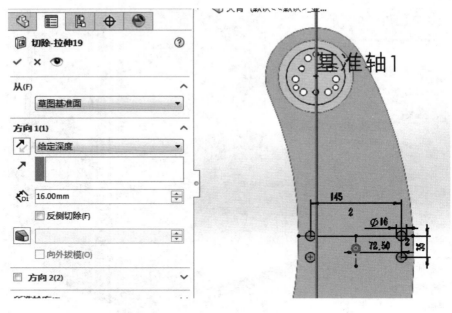

图 2-70

单击特征"异型孔向导",在新生成的小孔表面打孔,孔类型为"直螺纹孔",标准为"GB",类型为"底部螺纹孔",大小为"M5",如图 2-71 所示。

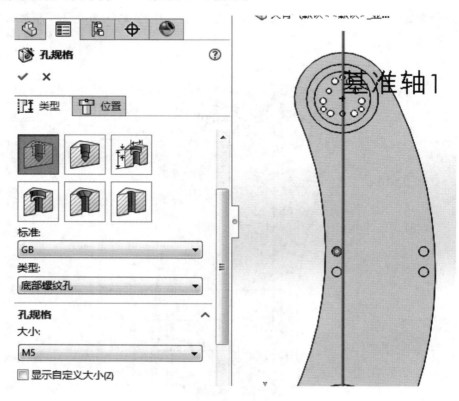

图 2-71

单击特征"线性阵列",方向 1:上视基准面,距离:35.00 mm,数量:2 个;方向 2:右视基准面,距离:145.00 mm,数量:2 个,如图 2-72 所示。

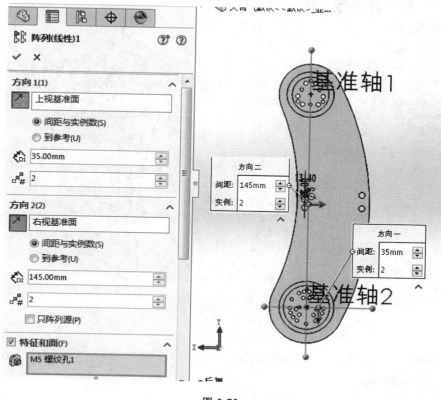

图 2-72

（15）选择大臂底平面,单击"草图绘制",绘制一个半圆形草图,如图 2-73 所示。

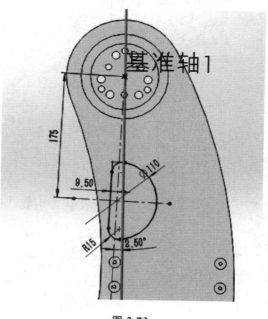

图 2-73

单击特征"拉伸凸台",从"草图基准面",方向"给定深度",距离 35.00 mm,如图 2-74 所示。

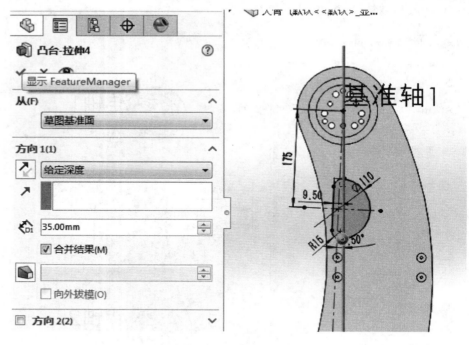

图 2-74

选择半圆小凸台上表面,单击"草图绘制",绘制一个小矩形草图,如图 2-75 所示。

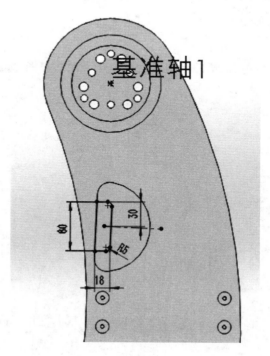

图 2-75

单击特征"拉伸切除",从"草图基准面",方向"给定深度",距离 14.50 mm,如图 2-76 所示。

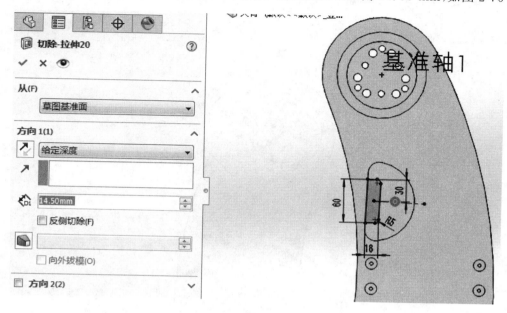

图 2-76

单击特征"异型孔向导",在半圆小凸台上表面打两个小孔。孔类型:直螺纹孔;标准:GB;类型:底部螺纹孔;大小:M6;终止条件:给定深度,距离:15.00 mm,如图 2-77 所示。

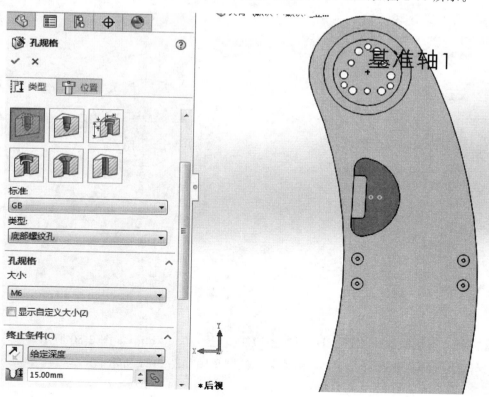

图 2-77

（16）选择大臂底平面，单击"草图绘制"，绘制一个四边形草图，如图 2-78 所示。

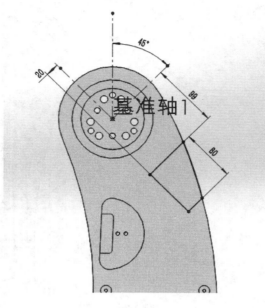

图 2-78

单击特征"拉伸凸台"，从"草图基准面"，方向"给定深度"，距离 26.00 mm，如图 2-79 所示。

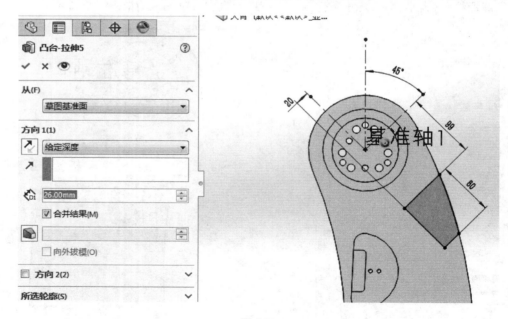

图 2-79

单击特征"圆角"，圆角项目：四边形四条边线；半径：10.00 mm，如图 2-80 所示。

选择四边形凸台上表面，单击"草图绘制"，绘制草图如图 2-81 所示。

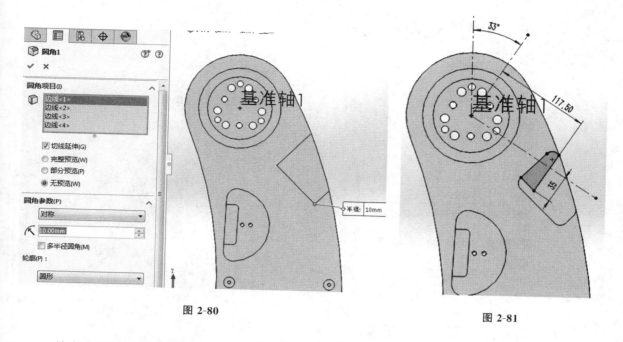

图 2-80   图 2-81

单击特征"拉伸切除",从"草图基准面",方向"给定深度",距离为 9.50 mm,如图 2-82 所示。

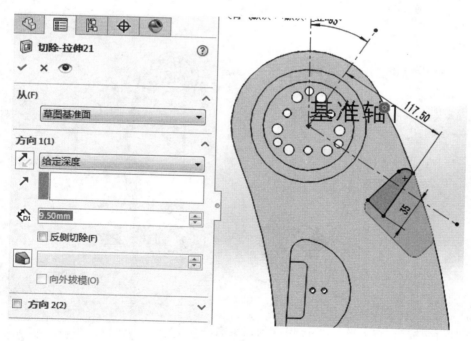

图 2-82

单击特征"异型孔向导",在四边形凸台上打小孔。孔类型:直螺纹孔;标准:GB;类型:底部螺纹孔;大小:M6;终止条件:给定深度,距离:15.00 mm,如图 2-83 所示。

单击"确定"按钮,完成大臂设计,如图 2-84 所示。

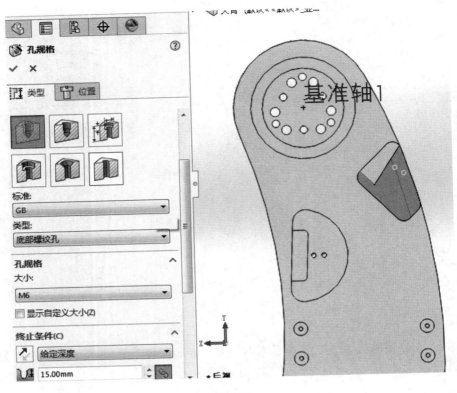

图 2-83

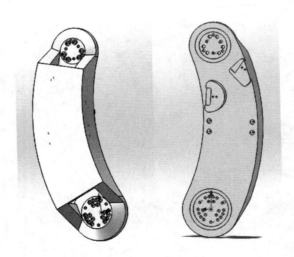

图 2-84

单击"保存"按钮,将大臂.sldprt 保存到指定文件夹中。

小结:

大臂是一个复杂零件,建模过程中多次使用了拉伸凸台、拉伸切除、圆周阵列、异型孔向导等特征,每个特征根据设计的不同要求,选择不同的参数与配置,以实现快速高效的零件建模。

◀ 任务 3　工业机器人小臂设计 ▶

【学习要点】

◇ 熟悉工业机器人小臂结构
◇ 熟练绘制较复杂草图
◇ 掌握基准面的创建、使用
◇ 掌握较复杂特征创建

一、工业机器人小臂 3D 视图

工业机器人小臂 3D 视图如图 2-85 所示。

工业机器人小臂用于连接大臂和手腕,实现机器人的空间运动,手臂要能灵活运动。此外,手臂不仅承受被抓取工件的重量,还承受末端执行器、手腕、手臂自身的重量,它的强度、刚度直接影响机器人整体的运动刚度,在设计过程中,要考虑这些影响因素。

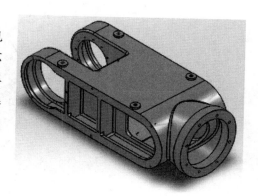

图 2-85

二、工业机器人小臂建模分析

推荐的建模顺序如下:

(1)绘制中间体;

(2)右侧圆凸台拉伸切除,阵列端面圆孔;

(3)连接中间体与右侧圆凸台的圆锥体旋转拉伸;

(4)绘制中间体一侧端板,另一侧使用镜向特征;

(5)拉伸切除两侧端板上的大圆孔,圆周阵列一侧端板上的连接小孔并切除;

(6)拉伸切除两侧端板上的矩形孔和其他孔;

(7)绘制上部四个小凸台。

三、工业机器人小臂建模过程

在 SolidWorks 软件中,新建一个名为"零件.sldprt"的零件图。

(1)绘制中间体。中间体草图如图 2-86 所示。

选择前视基准面,单击"草图绘制" ⬚ ,先绘制右侧直径为 100 mm 的圆,再绘制同尺寸的上、下两条直线,如图 2-87 所示。

单击"剪裁",选择"剪裁到最近端",如图 2-88 所示。

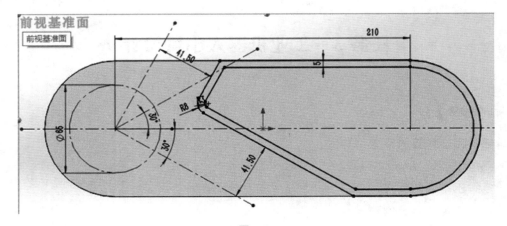

图 2-86

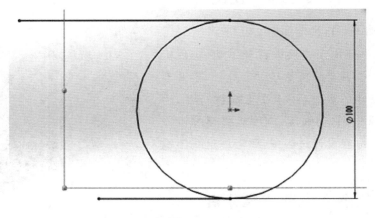

图 2-87

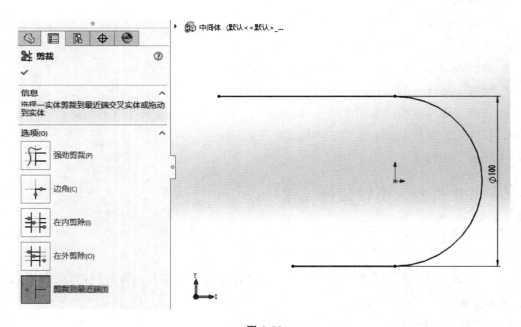

图 2-88

单击"等距实体",距离 5.00 mm,勾选"反向",如图 2-89 所示。

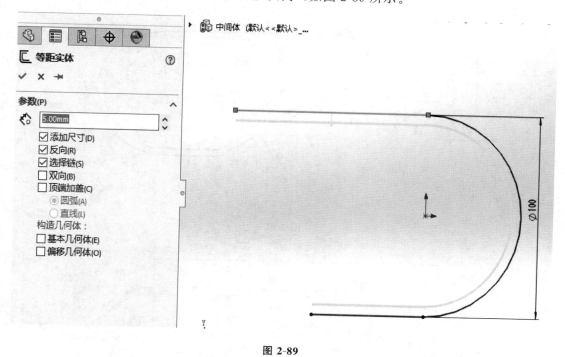

图 2-89

绘制两条折线,定位依据是直径为 66 mm 的辅助圆,距离右侧直径 100 mm、外半圆圆心 210 mm,如图 2-90 所示。

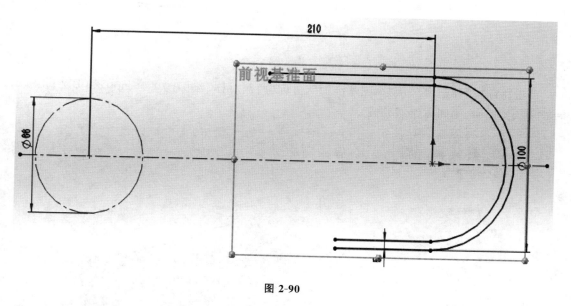

图 2-90

定位尺寸是 41.50 mm 和 30°,如图 2-91 所示。

两折线相交处外圆弧半径为 8 mm,内圆弧半径为 3 mm,如图 2-92 所示。

单击右上角的 ⤶,保存并退出草图。

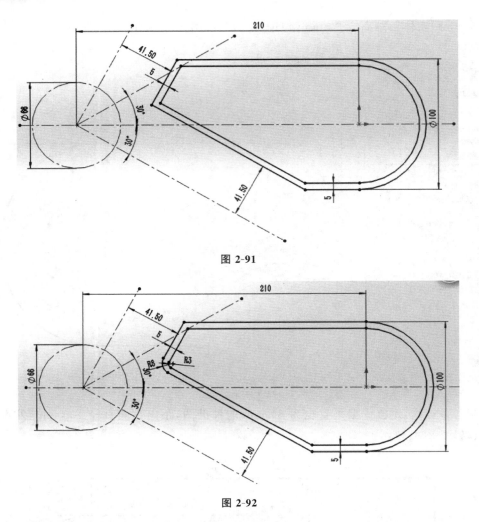

图 2-91

图 2-92

单击特征"拉伸凸台",从"草图基准面",方向"两侧对称",距离 70.00 mm,如图 2-93 所示。
单击"确定"按钮,中间体绘制完成。

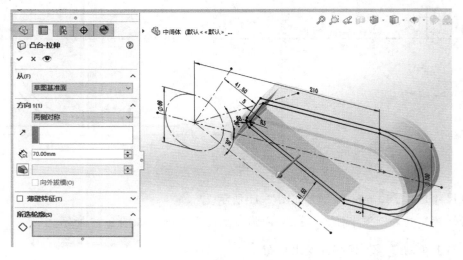

图 2-93

（2）绘制右侧圆凸台。

单击特征"参考几何体"，插入基准面，第一参考：右视基准面，距离：80.00 mm，如图 2-94 所示。

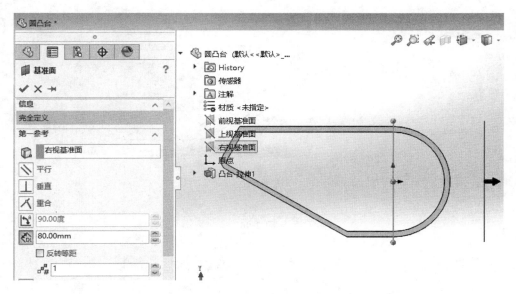

图 2-94

在基准面 1 上绘制一个圆环，外径为 120 mm，内径为 88 mm，如图 2-95 所示。

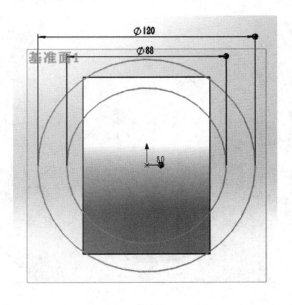

图 2-95

单击特征"拉伸凸台"，从"草图基准面"，方向"给定深度"，距离 15.00 mm，如图 2-96 所示。

绘制一个直径为 99 mm 的辅助圆及一条与水平线成 21.50°的辅助线，绘制一个直径为 4.20 mm 的小孔，如图 2-97 所示。

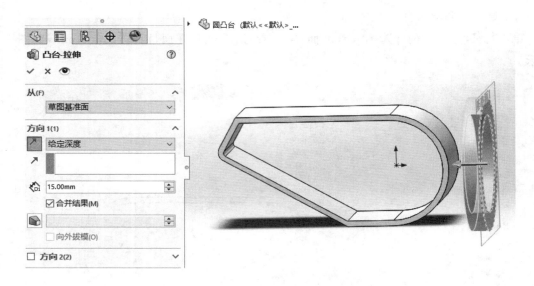

图 2-96

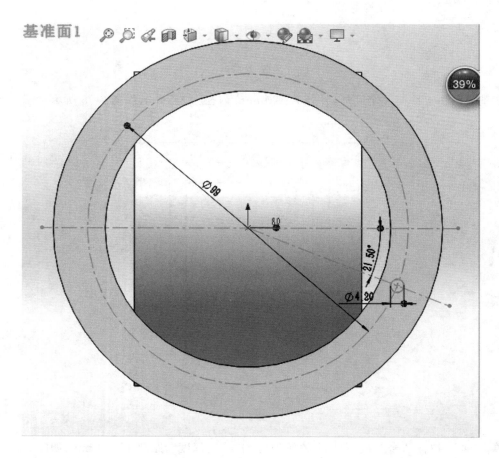

图 2-97

单击"圆周阵列",数量为 8 个,如图 2-98 所示。

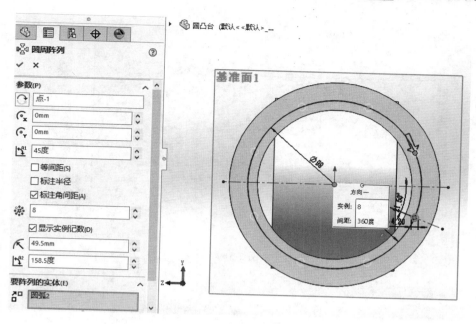

图 2-98

单击特征"拉伸切除",对象"草图 3",从"草图基准面",方向"给定深度",距离 15.00 mm，如图 2-99 所示。单击"确定"按钮，圆凸台绘制完成。

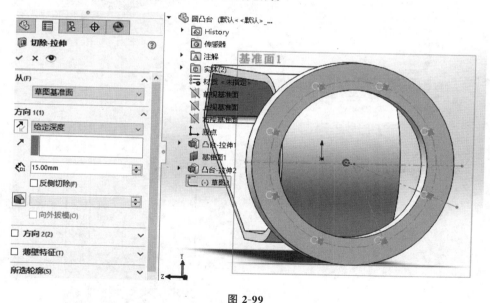

图 2-99

（3）绘制圆锥体及内孔。

选择上视基准面，单击"草图绘制"，绘制圆锥外轮廓线，其与右侧圆凸台夹角为 75°，距离中间体圆心 65 mm，距离圆凸台圆心 60 mm，壁厚 5 mm，如图 2-100 所示。

单击特征"旋转凸台"，旋转轴"直线 7"，方向"给定深度"，角度"360.00 度"，如图 2-101 所示。

选择前视基准面，单击"草图绘制"，绘制一个半径为 45 mm 的半圆，如图 2-102 所示。

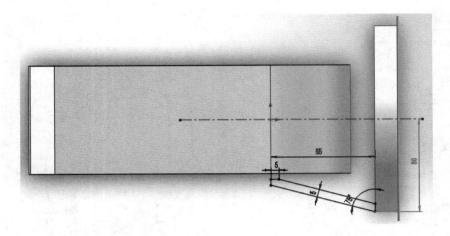

图 2-100

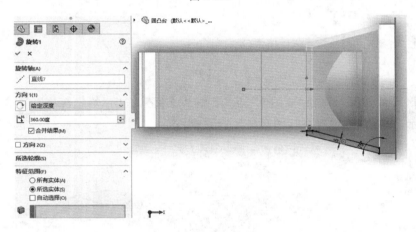

图 2-101

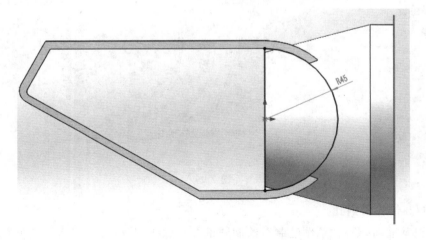

图 2-102

单击特征"拉伸切除",从"草图基准面",方向"两侧对称",距离 150.00 mm,如图 2-103 所示。

选择"基准面 1",单击"草图绘制",绘制一个直径为 65 mm 的圆,如图 2-104 所示。

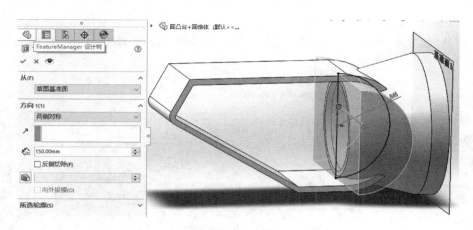

图 2-103

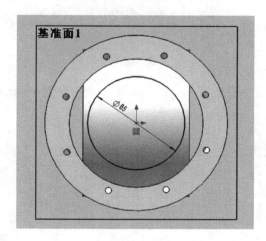

图 2-104

单击特征"拉伸切除",从"草图基准面",方向"给定深度",距离 90.00 mm,如图 2-105 所示。单击"确定"按钮,圆锥体绘制完成。

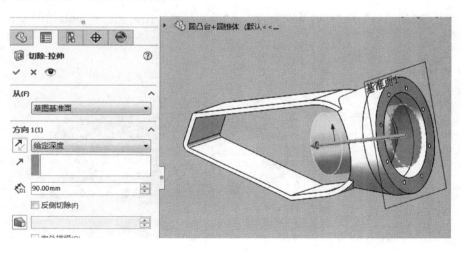

图 2-105

（4）绘制两侧端板。

单击特征"参考几何体"，插入基准面，第一参考为"前视基准面"，距离为 35.00 mm，如图 2-106 所示。

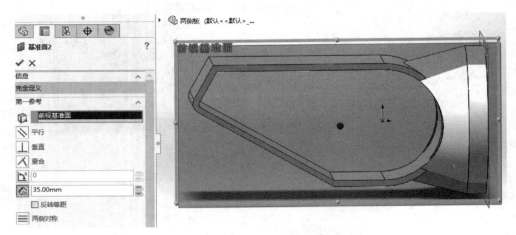

图 2-106

在基准面 2 上，绘制两个半径为 50 mm 的半圆，圆心距离为 210 mm，左侧内孔直径为 65 mm，如图 2-107 所示。

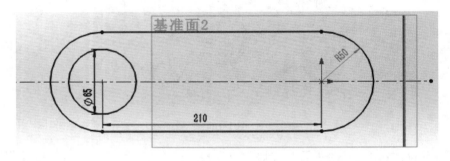

图 2-107

单击特征"拉伸凸台"，从"草图基准面"，方向"给定深度"，距离 35.00 mm，如图 2-108 所示。

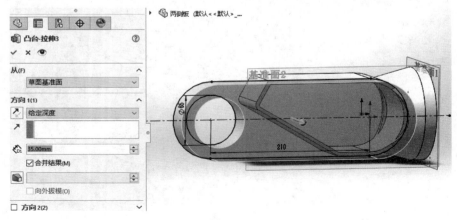

图 2-108

选择侧板表面为草图基准面,绘制侧板上的凹面轮廓,左侧圆半径为 35 mm,与侧板半圆同心,中间间距都为 7 mm,右侧圆半径为 35 mm,与侧板半圆同心,如图 2-109 所示。

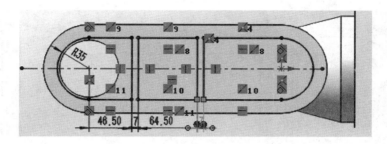

图 2-109

单击特征"拉伸切除",从"草图基准面",方向"给定深度",距离 30.00 mm,如图 2-110 所示。

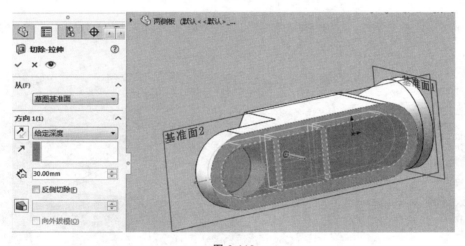

图 2-110

另一侧板采用镜向特征完成,如图 2-111 所示。单击"确定"按钮,两侧板绘制完成。

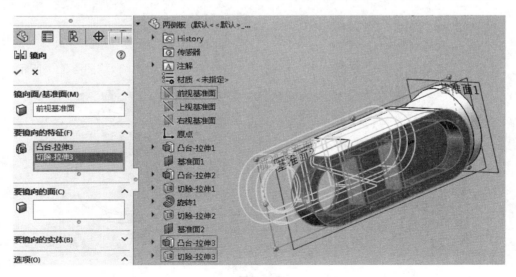

图 2-111

（5）绘制侧板上大、小圆孔。

选择前视基准面，单击"草图绘制"，绘制一个直径为 86 mm 的圆孔，如图 2-112 所示。

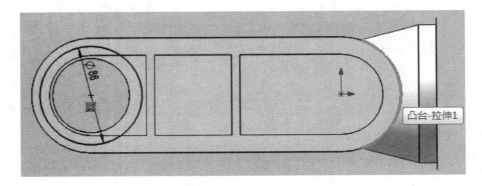

图 2-112

单击特征"拉伸切除"，从"草图基准面"，方向"给定深度"，距离 70.00 mm，如图 2-113 所示。

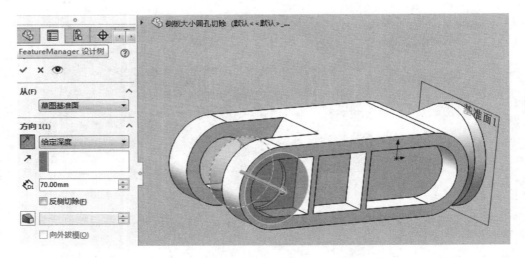

图 2-113

选择另一侧板表面，单击"草图绘制"，绘制一个直径为 86 mm 的圆，如图 2-114 所示。

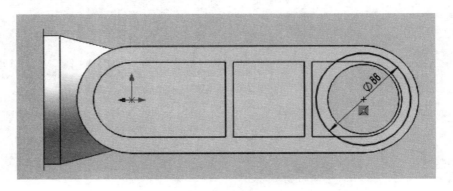

图 2-114

单击特征"拉伸切除",从"草图基准面",方向"给定深度",距离 30.00 mm,如图 2-115 所示。

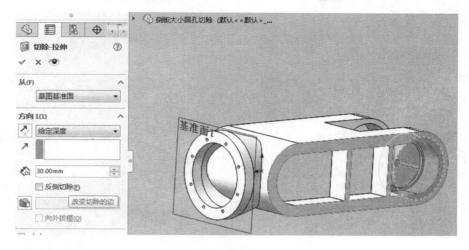

图 2-115

选择前视基准面,单击"草图绘制",绘制一侧板上连接小孔,先画直径为 74 mm 的辅助圆,再画直径为 2.60 mm 的小圆孔,单击"圆周阵列",数量为 12,如图 2-116 所示。

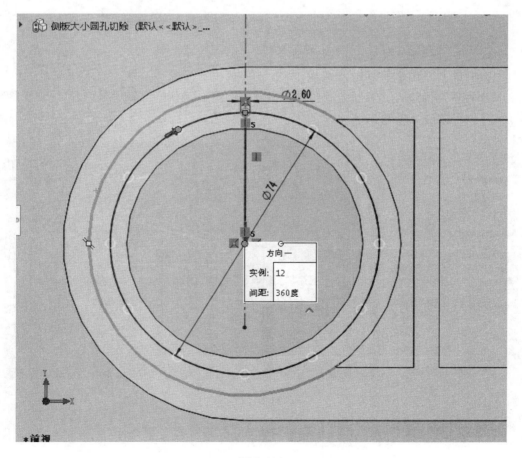

图 2-116

单击特征"拉伸切除",从"草图基准面",方向"完全贯穿",如图 2-117 所示。单击"确定"按钮,两侧板绘制完成。

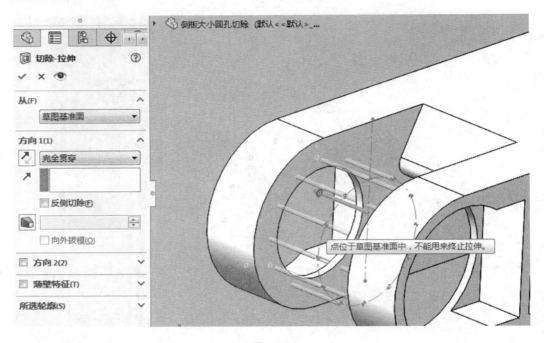

图 2-117

（6）两侧板上方孔和半圆孔切除。

选择前视基准面,单击"草图绘制",绘制一个中心矩形,距离 70 mm,再单击"绘制圆角",半径 10.00 mm,如图 2-118 所示。

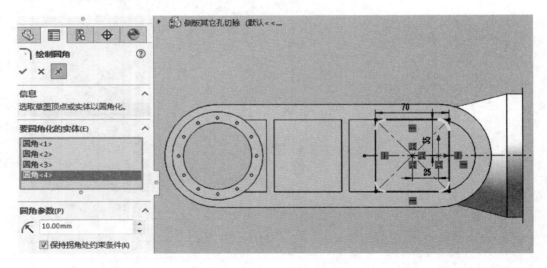

图 2-118

单击特征"拉伸切除",从"草图基准面",方向"两侧对称",距离 160.00 mm,如图 2-119 所示。

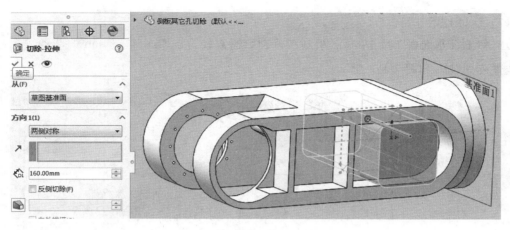

图 2-119

选择前视基准面,单击"剖面视图"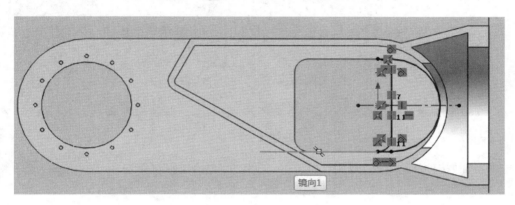,单击"草图绘制",绘制一半圆弧形,如图 2-120 所示。

图 2-120

单击特征"拉伸切除",从"等距","70.00mm",方向"给定深度",距离 105.00 mm,如图 2-121 所示,单击"确定"按钮。

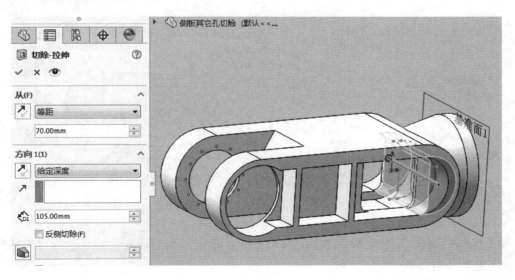

图 2-121

（7）绘制上部四个小凸台。

选择"上视基准面"，单击"草图绘制"，分别绘制直径为 5 mm 和 16 mm 的圆各一个，再单击"线性阵列"，如图 2-122 所示。

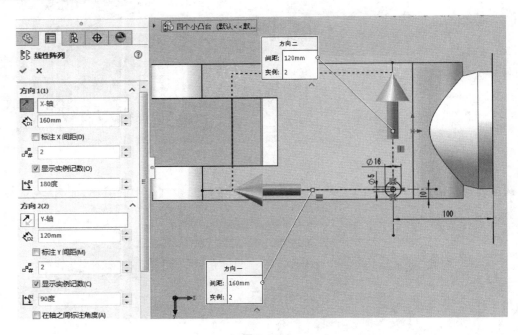

图 2-122

单击特征"拉伸凸台"，从"等距"，"50.00mm"，方向"给定深度"，距离 3.00 mm，如图 2-123 所示。

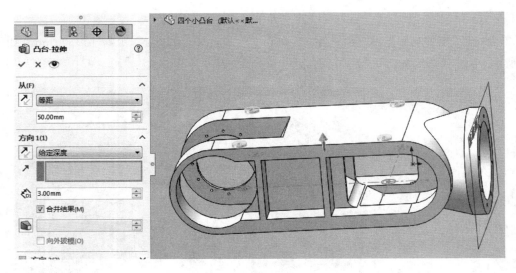

图 2-123

单击"确定"按钮，完成小凸台绘制。将此零件命名为"小臂.sldprt"，保存在指定文件夹中。

（8）绘制小臂外侧盖板。

选择前视基准面,单击"草图绘制" 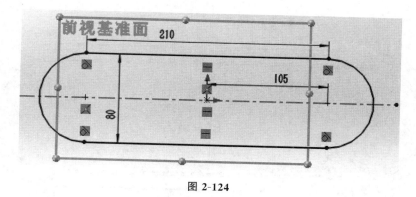,绘制两个半径为 40 mm 的半圆,中心距离 210 mm,再画两条连接直线,如图 2-124 所示。

图 2-124

单击特征"拉伸凸台",从"草图基准面",方向"给定深度",距离 16.00 mm,如图 2-125 所示,单击"确定"按钮。

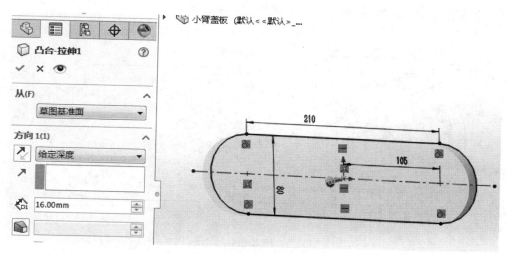

图 2-125

单击特征"抽壳",距离 2.00 mm,如图 2-126 所示,单击"确定"按钮。

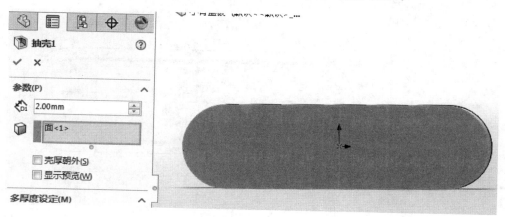

图 2-126

选择抽壳后表面为基准面,单击"草图绘制",画两个半径为 49.5 mm 的半圆和两条连接直线。再画一个直径为 4 mm 的圆,距离中心 46 mm,另一侧用镜向命令实现,如图 2-127 所示。

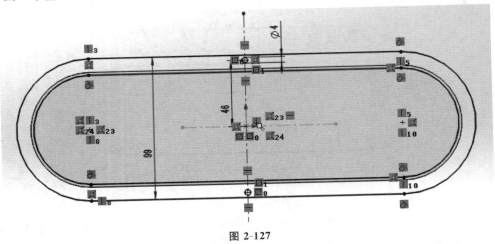

图 2-127

画一个直径为 4 mm 的圆,距离中心分别为 130 mm 和 38.60 mm,如图 2-128 所示。

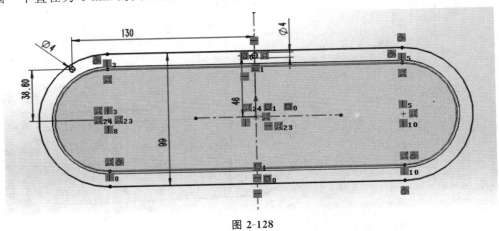

图 2-128

选择"线性阵列",如图 2-129 所示。

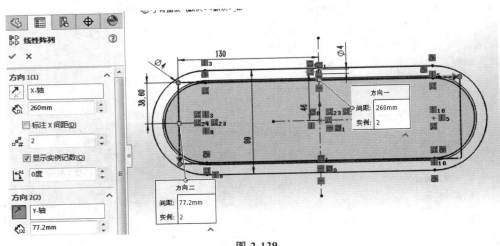

图 2-129

单击特征"拉伸凸台",从"草图基准面",方向"给定深度",距离 2.00 mm,如图 2-130 所示,单击"确定"按钮。

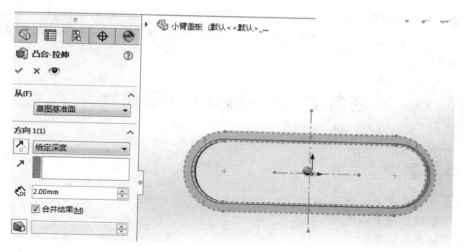

图 2-130

单击特征"圆角",半径设置为 2.00 mm,如图 2-131 所示。

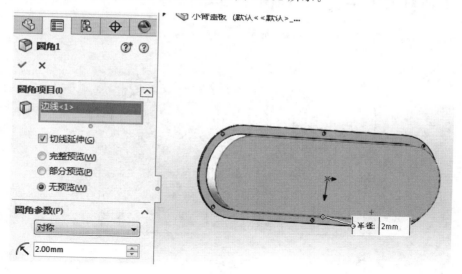

图 2-131

单击"确定"按钮,完成小臂外侧盖板设计,如图 2-132 所示。

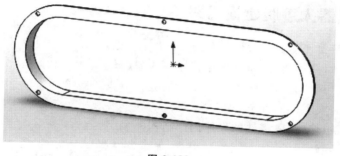

图 2-132

将此零件命名为"小臂外盖.sldprt",保存在指定文件夹中。

小结:

小臂是一个复杂零件,建模过程中使用了草图等距、拉伸凸台、旋转凸台、拉伸切除、镜向、圆周阵列、线性阵列等特征,每个特征根据设计的不同要求,选择不同的参数与配置,以实现快速高效的零件建模。

◀ 任务4 工业机器人手腕设计 ▶

【学习要点】

◇ 熟悉工业机器人手腕结构

◇ 熟练绘制较复杂草图

◇ 掌握基准面的创建、使用

◇ 掌握较复杂特征创建

一、工业机器人手腕 3D 视图

工业机械人手腕 3D 视图如图 2-133 所示。

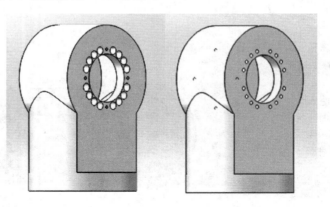

图 2-133

手腕是工业机器人中的关键连接件,机械手的灵活运动需要腕部的巧妙配合,机器人需要手腕连接小臂和末端执行器(机械手)。

二、工业机器人手腕建模思路

推荐的建模顺序如下:

(1) 绘制圆柱体,拉伸凸台,建立贯穿圆柱。

(2) 通过拉伸、切除,完成零件的外部单面构造。

(3) 通过镜向完成零件的外形。

(4) 通过切除、拉伸,完成零件的壳体内部结构。

(5) 连接孔的绘制。

三、工业机器人手腕建模过程

在 SolidWorks 软件中,新建一个名为"零件.sldprt"的零件图。

(1) 绘制上端圆柱体。

选择前视基准面,单击"草图绘制",分别绘制直径为 100 mm 和 45 mm 的圆,如图 2-134 所示。

单击特征"拉伸凸台",从"草图基准面",方向"两侧对称",距离 61.00 mm,单击"确定"按钮,如图 2-135 所示。

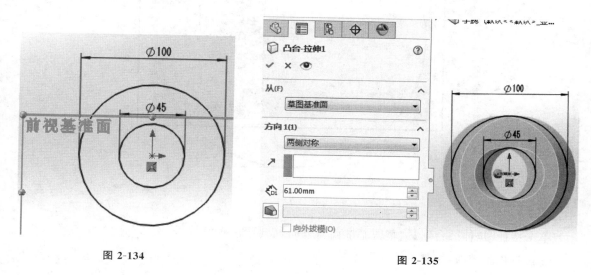

图 2-134

图 2-135

(2) 绘制下端支撑体。

单击特征"参考几何体",插入基准面,第一参考"上视基准面",距离 105.00 mm,如图 2-136 所示。

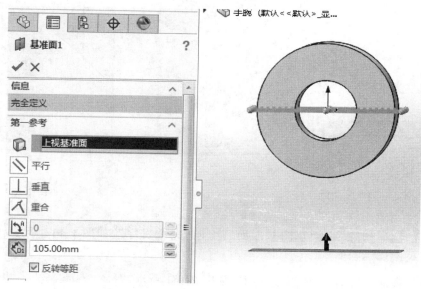

图 2-136

选择基准面 1,单击"草图绘制",绘制直径为 97 mm 的圆,如图 2-137 所示。

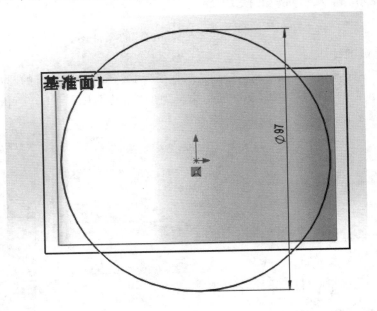

图 2-137

单击特征"拉伸凸台",从"草图基准面",方向"成形到一面",如图 2-138 所示。

选择右视基准面,绘制草图如图 2-139 所示。

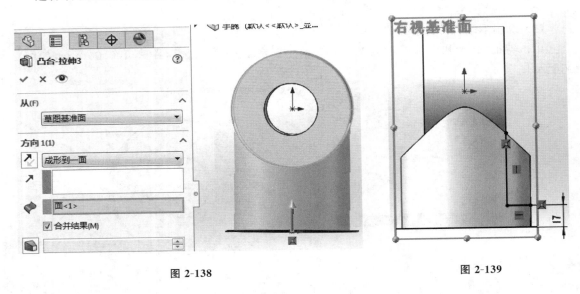

图 2-138

图 2-139

单击特征"拉伸切除",从"草图基准面",方向"完全贯穿",如图 2-140 所示,单击"确定"按钮。

单击特征"镜向",镜向面"前视基准面",如图 2-141 所示。

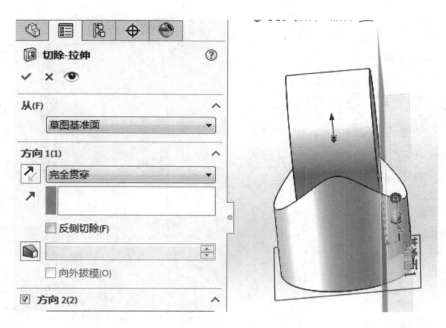

图 2-140

（3）绘制内部空腔结构。

选择前视基准面，单击"草图绘制"，画一个直径为 90 mm 的圆，如图 2-142 所示。

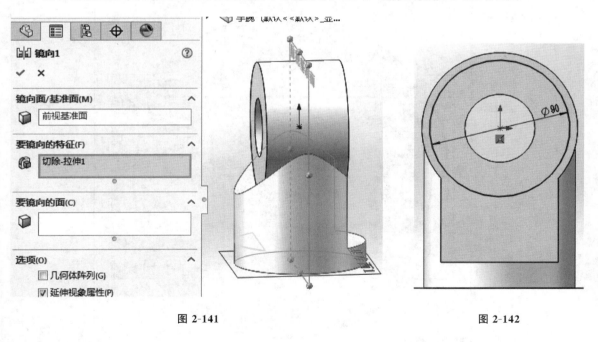

图 2-141　　　　　　　　　　　　图 2-142

单击特征"拉伸切除"，从"草图基准面"，方向"两侧对称"，距离 42.00 mm，如图 2-143 所示，单击"确定"按钮。

选择基准面 1，单击"草图绘制"，绘制草图如图 2-144 所示。

113

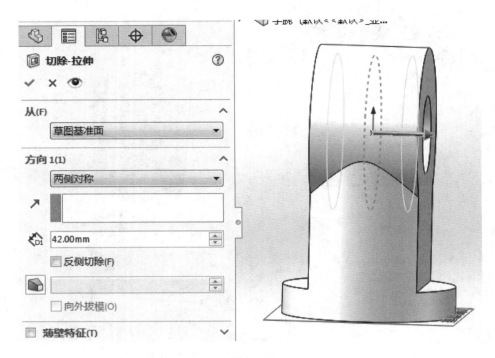

图 2-143

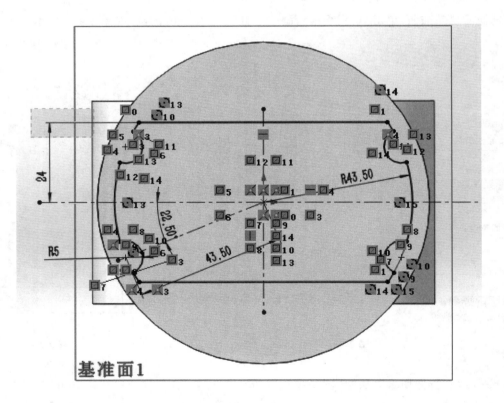

图 2-144

单击特征"拉伸切除",从"草图基准面",方向"给定深度",距离 17.00 mm,如图 2-145 所示,单击"确定"按钮。

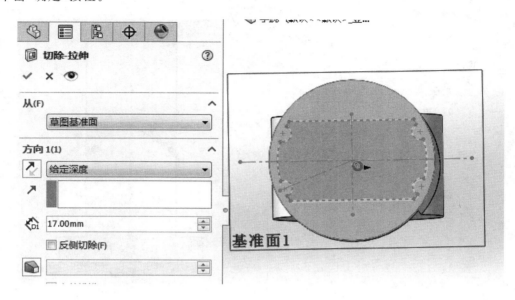

图 2-145

选择基准面 1,单击"草图绘制",绘制一个直径为 87 mm、对边距离为 51 mm 的鼓形草图,如图 2-146 所示。

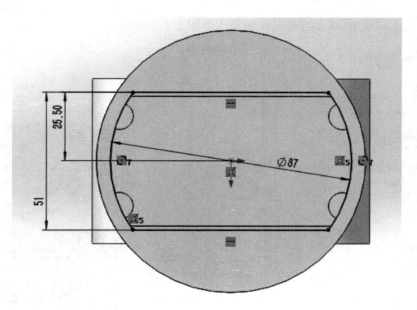

图 2-146

单击特征"拉伸切除",从"等距","17.00mm",方向"给定深度",距离 52.00 mm,如图 2-147 所示,单击"确定"按钮。

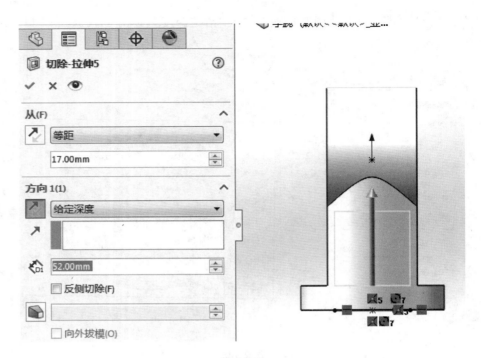

图 2-147

单击特征"参考几何体",插入基准面,第一参考"面<1>"(红色显示),距离 69.00 mm,如图 2-148 所示。

选择基准面 2,单击"草图绘制",绘制草图如图 2-149 所示。

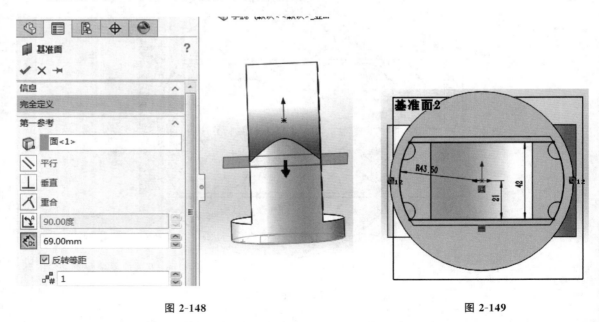

图 2-148   图 2-149

单击特征"拉伸切除",从"草图基准面",方向"成形到一面"(上端圆柱内表面),如图 2-150 所示,单击"确定"按钮。

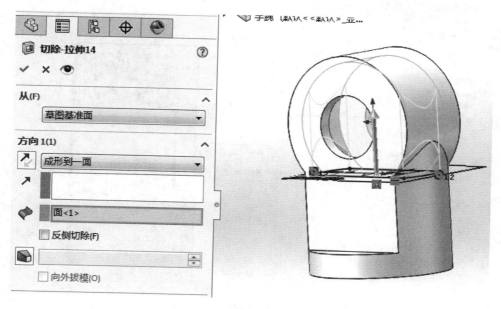

图 2-150

选择右视基准面,单击"剖面视图",如图 2-151 所示,单击"确定"按钮。

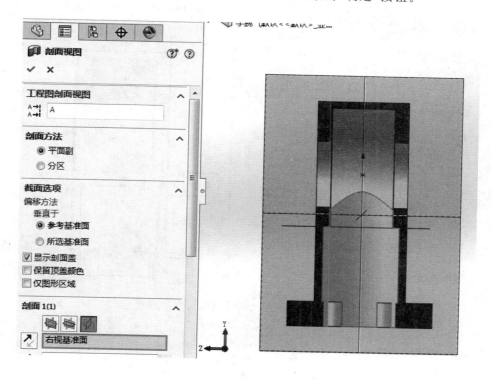

图 2-151

单击特征"倒角",距离 5.00 mm,角度"45.00 度",如图 2-152 所示。

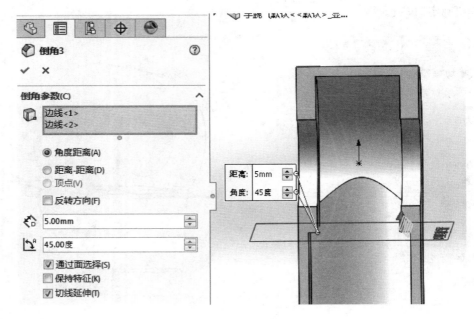

图 2-152

单击特征"圆角",半径 3.00 mm,如图 2-153 所示。

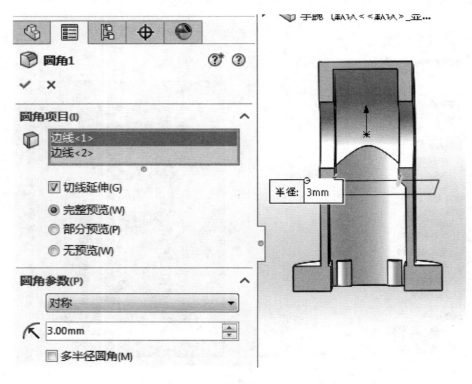

图 2-153

单击特征"倒角",距离 1.50 mm,角度"45.00 度",如图 2-154 所示。

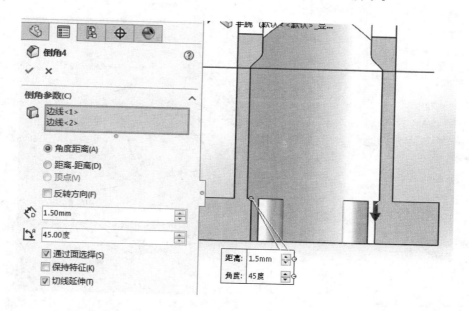

图 2-154

单击特征"圆角",半径 1.00 mm,如图 2-155 所示,单击"确定"按钮。

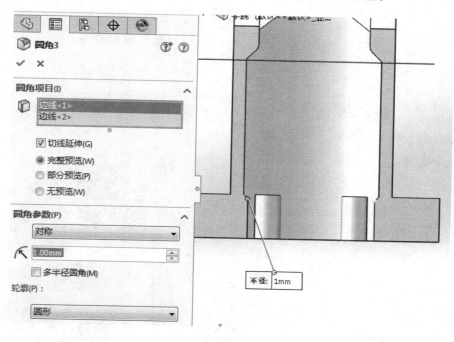

图 2-155

(4) 在圆柱面上打孔。

选择圆柱一侧表面,绘制直径为 7.50 mm 的圆,圆周阵列,数量 20 个,跳过其中 4 个,如图
2-156 所示。

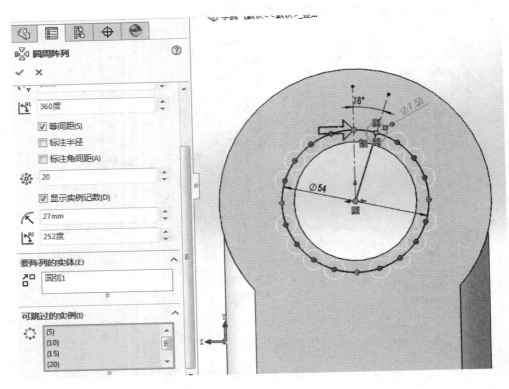

图 2-156

单击特征"拉伸切除",从"草图基准面",方向"给定深度",距离 55.00 mm,如图 2-157 所示,单击"确定"按钮。

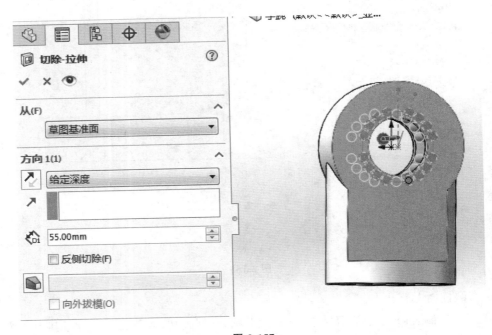

图 2-157

选择圆柱另一侧表面,绘制直径为 3.50 mm 的圆,圆周阵列,数量 20 个,跳过其中 4 个,如图 2-158 所示。

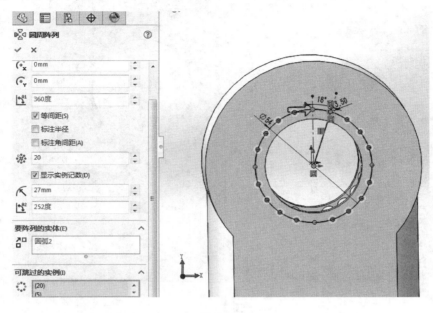

图 2-158

单击特征"拉伸切除",从"草图基准面",方向"给定深度",距离 10.00 mm(或方向选择"完全贯穿"),如图 2-159 所示,单击"确定"按钮。

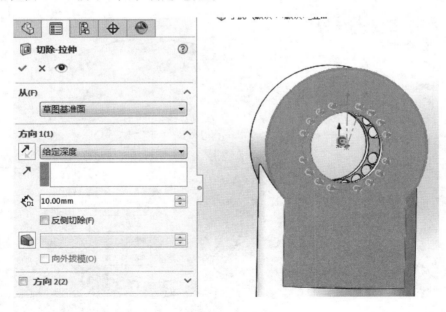

图 2-159

单击特征"异型孔向导",孔类型"直螺纹孔",标准"GB",类型"底部螺纹孔",孔规格大小"M3",终止条件"给定深度",如图 2-160 所示。

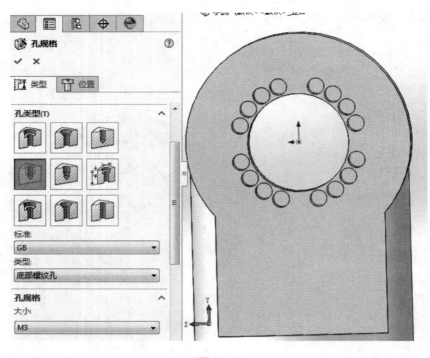

图 2-160

在圆柱面上任意位置单击确认,生成异型孔。再单击草图,修改孔的位置,圆周阵列 4 个,如图 2-161 所示,单击"确定"按钮。

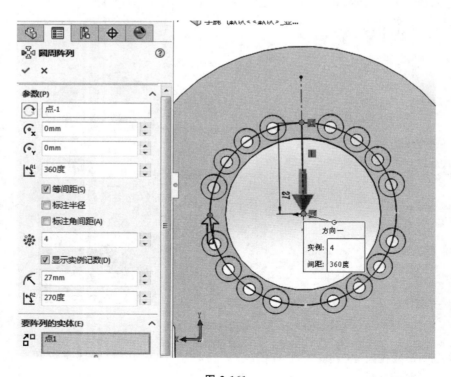

图 2-161

（5）底部连接小孔。

选择基准面 1，单击"草图绘制"，绘制直径为 4 mm 的小孔，圆周阵列，数量 8 个，如图 2-162所示。

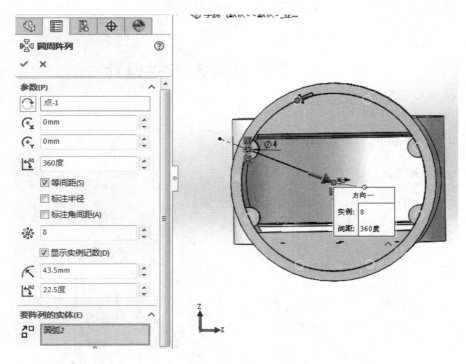

图 2-162

单击特征"拉伸切除"，从"草图基准面"，方向"给定深度"，距离 10.00 mm，如图 2-163 所示。

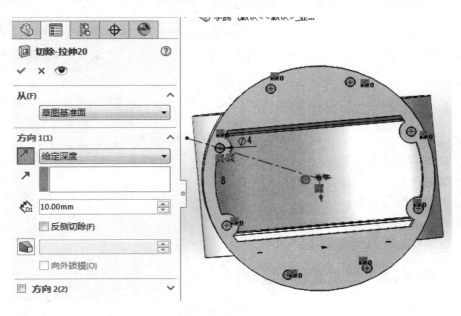

图 2-163

单击"确定"按钮,完成手腕设计。将此零件命名为"手腕.sldprt",保存在指定文件夹中。

小结:

手腕是一个复杂零件,建模过程多次使用了拉伸凸台、拉伸切除、镜向、圆周阵列、倒角等特征,每个特征根据设计的不同要求,选择不同的参数与配置,以实现快速高效的零件建模。

◀ 任务5　工业机器人法兰设计 ▶

一、工业机器人法兰 3D 视图

工业机器人法兰 3D 视图如图 2-164 所示。

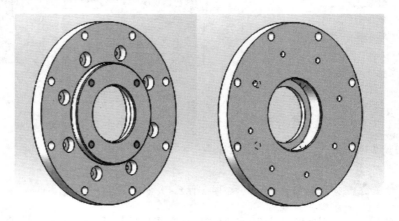

图 2-164

凡是在两个平面周边使用螺栓连接同时封闭的连接零件,一般称为法兰。法兰连接是指由法兰、垫片及螺栓三者相互连接作为一组组合密封结构的可拆连接。法兰在手腕部件中连接手腕与减速器。

二、工业机器人法兰建模思路

推荐的建模顺序如下:

(1) 绘制下端圆柱体;

(2) 在圆柱体上拉伸切除阶梯圆孔,圆周阵列 8 个;

(3) 绘制上端圆柱凸台;

(4) 在凸台上打异型孔,圆周阵列 4 个;

(5) 在法兰中心开阶梯通孔,旋转切除。

三、工业机器人法兰建模过程

在 SolidWorks 软件中,新建一个名为"零件.sldprt"的零件图。

(1) 绘制下端圆柱体。

选择前视基准面,单击"草图绘制",绘制一个直径为 97 mm 的圆,再绘制一个直径为 4.50 mm 的小圆,距离圆心 44.50 mm,如图 2-165 所示,圆周阵列 8 个,单击"确定"按钮。

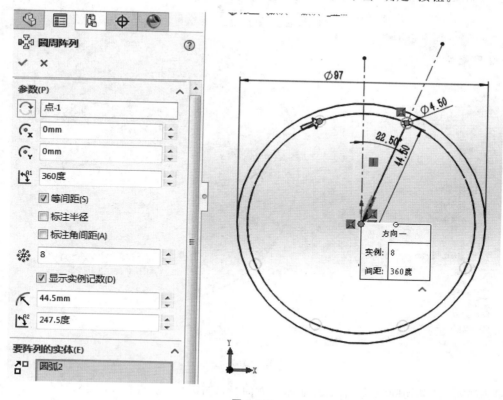

图 2-165

单击特征"拉伸凸台",从"草图基准面",方向"给定深度",距离 6.50 mm,如图 2-166 所示,单击"确定"按钮。

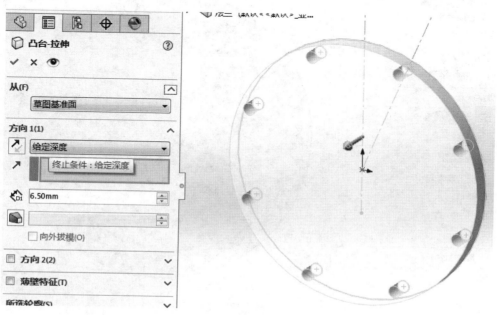

图 2-166

选择前视基准面,单击"草图绘制",绘制一个直径为 3 mm 的小圆,距离圆心 33 mm,圆周阵列 8 个,如图 2-167 所示,单击"确定"按钮。

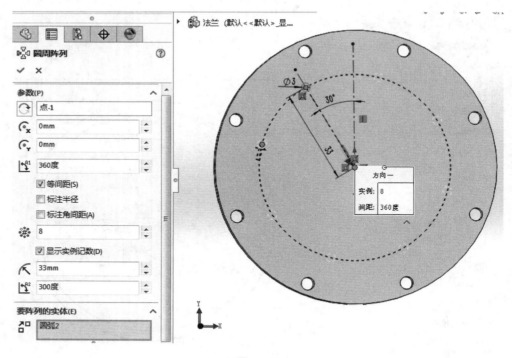

图 2-167

单击特征"拉伸切除",从"草图基准面",方向"给定深度",距离 6.50 mm,如图 2-168 所示,单击"确定"按钮。

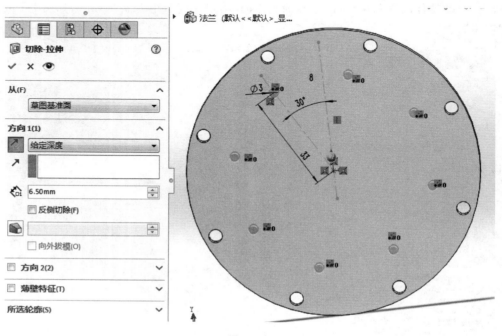

图 2-168

选择上端面为草图基准面,单击"草图绘制",绘制一个直径为 8 mm 的圆,与直径为 3 mm 的圆同心,圆周阵列 8 个,如图 2-169 所示,单击"确定"按钮。

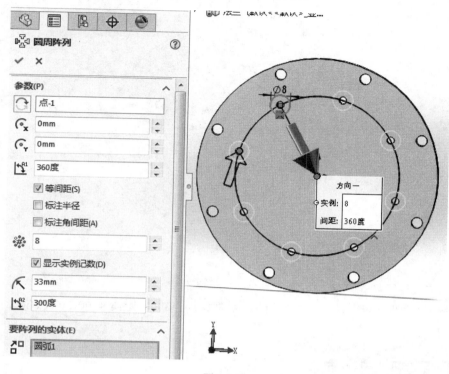

图 2-169

单击特征"拉伸切除",从"草图基准面",方向"给定深度",距离 4.00 mm,如图 2-170 所示,单击"确定"按钮。

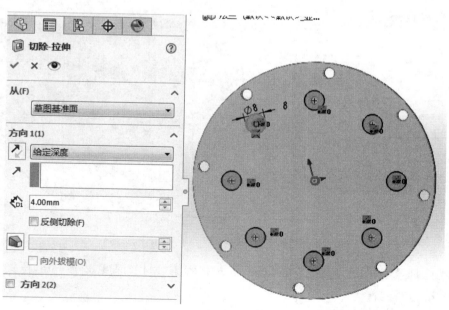

图 2-170

选择上端面为草图基准面，单击"草图绘制"，绘制一个直径为 54 mm 的圆，如图 2-171 所示。

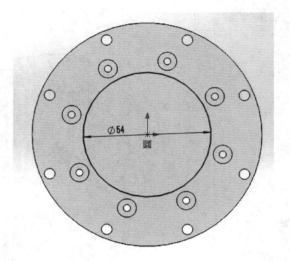

图 2-171

单击特征"拉伸凸台"，从"草图基准面"，方向"给定深度"，距离 4.00 mm，如图 2-172 所示，单击"确定"按钮。

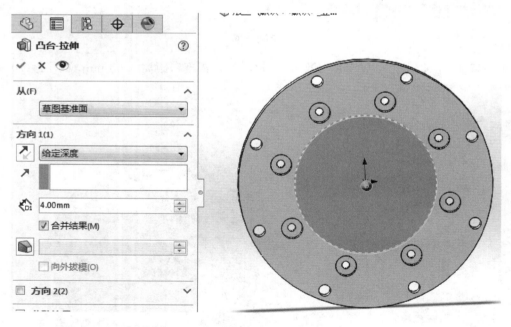

图 2-172

在上端面打异型孔，孔类型"直螺纹孔"，孔规格大小"M4"，深度 6.00 mm，位置如图 2-173 所示，单击"确定"按钮。

将该异型孔圆周阵列 4 个，如图 2-174 所示，单击"确定"按钮。

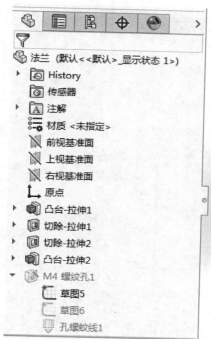

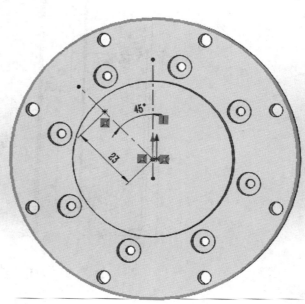

图 2-173

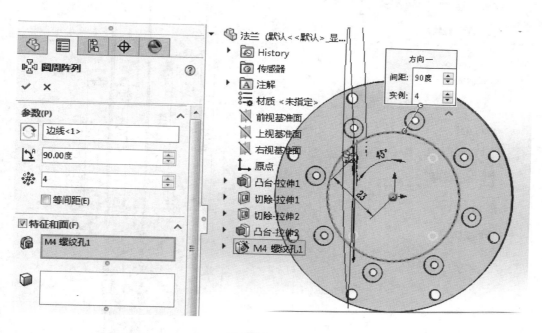

图 2-174

选择右视基准面,单击"草图绘制",画一个阶梯圆孔草图,如图 2-175 所示。

单击特征"旋转切除",方向"给定深度",角度"360.00 度",如图 2-176 所示,单击"确定"按钮。

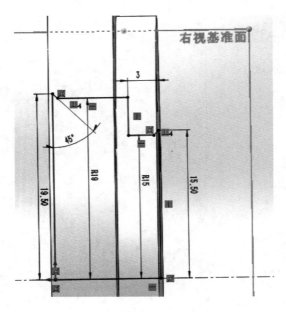

图 2-175

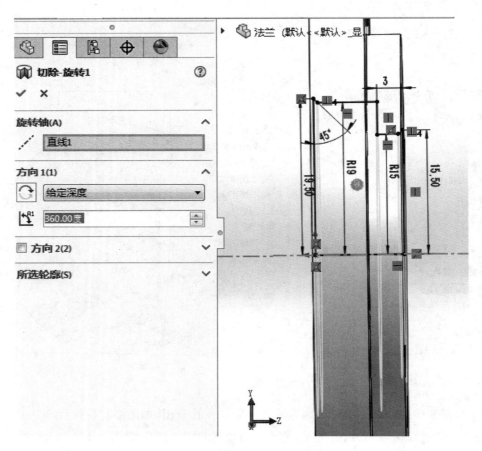

图 2-176

单击特征"倒角",距离 0.50 mm,如图 2-177 所示。

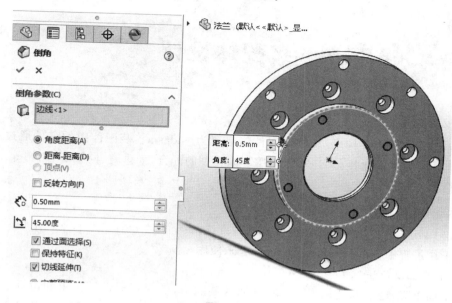

图 2-177

单击特征"圆角",半径 0.20 mm,如图 2-178 所示。

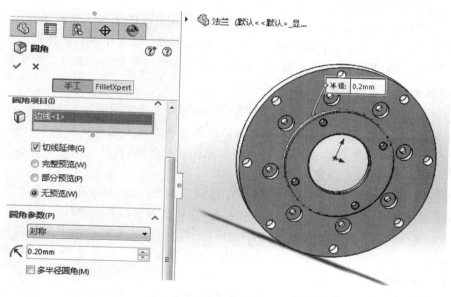

图 2-178

单击"确定"按钮,完成法兰零件设计。将此零件命名为"法兰. sldprt",保存在指定文件夹中。

小结:

法兰是中等复杂零件,建模过程中使用了圆周阵列、拉伸凸台、拉伸切除、异型孔向导、倒角、圆角等特征,每个特征根据设计的不同要求,选择不同的参数与配置,以实现快速高效的零件建模。

SolidWorks 装配体设计

1. 什么是装配体

装配体由若干个零件构成,装配体文件的后缀为. sldasm。装配体中的零件通过装配配合来定义各自的位置和自由度,用户可以使用不同类型的配合(如垂直、同轴心、相切等)将装配体的零件连接在一起。

2. 装配体基本设计方法

在 SolidWorks 软件中,设计装配体有两种方法:自下而上设计法和自上而下设计法。在通常的设计工作过程中,这两种方法往往结合起来使用。

1) 自下而上设计法

在自下而上设计法中,使用现有的零件插入装配体,然后根据设计需求和设计意图配合零件,从而完成装配体的设计工作。自下而上设计法的优点在于设计人员可以专注于单个零件的设计工作,当设计人员不需要建立控制零件大小和尺寸的参考关系时,该方法比较适用。

2) 自上而下设计法

自上而下设计法又称关联设计。在自上而下设计法中,设计工作从装配体开始,设计人员可以用一个零件的外形和尺寸来辅助定义另一个零件,生成影响多个零件的特征。在设计过程中,自上而下设计一般从布局草图开始定义装配体中的零件的外形和位置及装配关系。

3. 装配体设计一般流程

(1) 创建新的装配体。创建装配体的方法和创建零件的方法相同。

(2) 向装配体中添加第一个零件。用户可以采用几种方法来创建装配体中的第一个零件。例如,可以直接从零件中单击生成装配体,也可以先生成装配体,再从装配体中插入零件。装配体中的第一个零件会被自动设置为固定状态。

(3) 装配体的 FeatureManager 设计树。在窗口左侧 FeatureManager 中包含装配体的设计过程(装配零件的先后顺序),也包含大量的符号,这些符号提供其中零件的信息。

(4) 添加配合关系。SolidWorks 软件中使用添加的配合关系来约束一个零部件与其他零部件的位置关系及零件的自由度(零件在装配体中如何活动,如机械手装配体中,零件的活动导致了机械手的各种指关节运动)。

提示:装配体中可以嵌套装配体,一个装配体可以作为一个整体装入另一个装配体。

◀ 任务 1　简单装配体 ▶

【学习要点】

◇ 了解装配体设计方法

◇ 理解零件与装配体的关系
◇ 理解装配及装配关系
◇ 掌握盒子的装配
◇ 掌握零件的线性阵列

一、盒子装配体 3D 视图

盒子装配体 3D 视图如图 3-1 所示。

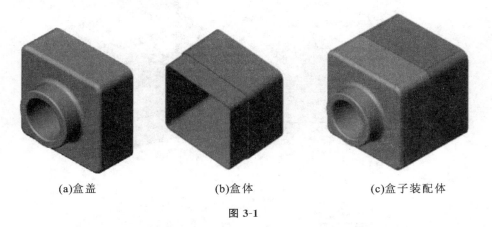

(a)盒盖　　　　　　　　(b)盒体　　　　　　　　(c)盒子装配体

图 3-1

盒子装配体(见图 3-1(c))使用的零件为前面章节中完成的 BOX1. sldprt(见图 3-1(a))和 BOX2. sldprt(见图 3-1(b))。

二、盒子装配过程

(1) 单击菜单栏中的"新建"命令,选择"装配体",单击"确定"按钮,如图 3-2 所示。

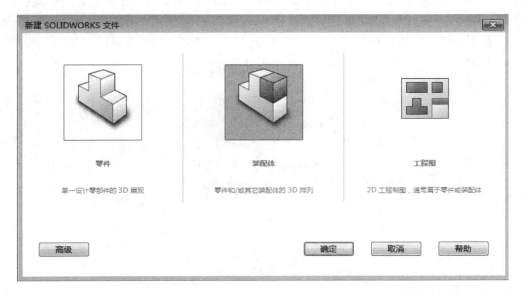

图 3-2

（2）在左边"开始装配体"窗口中,单击"浏览"按钮,找到 BOX1. sldprt 文件,BOX1 零件的预览图会出现在窗口区域,如图 3-3 所示。注意鼠标指针后面会附有零件图标 ⬚。单击"确定"按钮,固定 BOX1 零件。

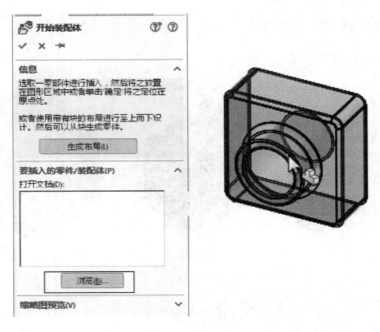

图 3-3

随着鼠标指针在窗口的移动,预览模型会跟随模型一起移动,这是 SolidWorks 软件在等待用户下达指令。如果此时单击鼠标左键,则零件将会固定在某一位置上。推荐的做法是直接单击"确定"按钮,这样刚插入的零件会直接固定在装配体的原点(即零件的原点,坐标系将会和装配体保持一致)。

（3）在装配体工具栏中单击"插入零部件",选择 BOX2 零件,单击"打开"按钮。拖动零件 BOX2 至 BOX1 零件旁边,单击鼠标左键,放置零件,如图 3-4 所示。

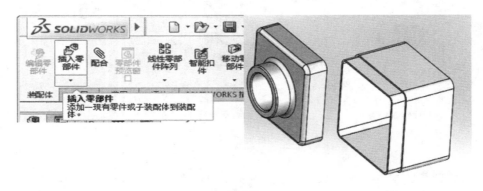

图 3-4

可以看到装配体设计树(FeatureManager)中包含已经插入的两个零件,BOX1 零件图标后注明"固定",BOX2 零件图标后有符号"－"(浮动)。其中:"固定"表示该零件已经固定在装配体的坐标系中;符号"一"表示该零件未完全约束,可以在装配体中调整位置。

提示:在装配体中,使用鼠标左键可以选择零件进行拖动,使用鼠标右键选择零件后,拖动鼠标,模型可以旋转。

(4)单击装配体工具栏中的"配合" ,窗口左侧将弹出"配合选择"框。配合有三种类型:标准配合、高级配合和机械配合。标准配合包含重合、平行、相切、垂直、同轴(同轴心)、距离等,适合绝大多数场合。

在"配合选择"框中,单击空白处,会出现一个虚线框,这时用户可以选择需要配合的面。如图 3-5 所示,选择高亮显示的两个零件的唇面。按住 Ctrl 键,分别单击两个零件的侧面,被选中的面会高亮显示,系统会自动判断为重合,快捷配合栏会在鼠标指针附近出现,单击"重合" ,进行配合。

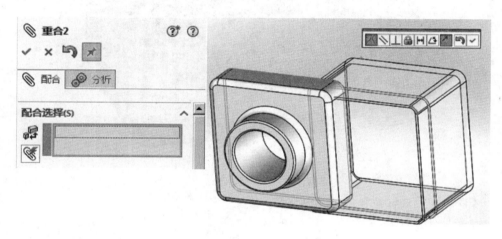

图 3-5

在 SolidWorks 软件中添加配合有以下两种方法。

第一种:先选择"配合"指令,再选择配合类型和需要配合的零件面(如上文所示)。

第二种:先选择需要配合的零件面(按 Ctrl 键可实现多选),再单击配合指令,SolidWorks 软件会在窗口弹出指令选择框,用户可以根据需要选择对应的配合类型。

一般而言,第二种方法效率较高。

选择 BOX1 和 BOX2 的另外两个侧面,以相同的方法进行配合,完成盒子的装配,如图 3-6 所示。

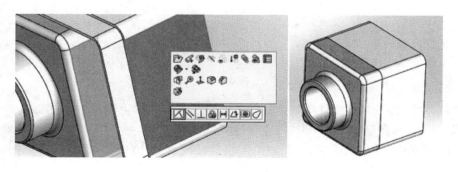

图 3-6

三、技能训练

（一）CD 盒 3D 视图

CD 盒 3D 视图如图 3-7 所示。

图 3-7

（二）CD 盒装配过程参考

（1）新建一个装配体。

（2）插入 CD 盒零件和 CD 零件。

（3）配合零件，通过添加 3 个配合来固定 CD，如图 3-8 所示。其中，CD 的底面和后面与 CD 盒添加"重合"配合，侧面与 CD 盒的侧面添加 10 mm 的"距离"配合。

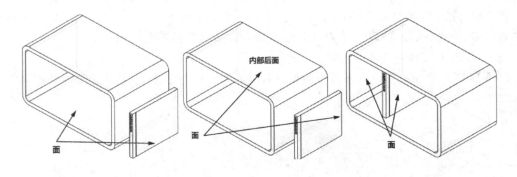

图 3-8

（4）依次单击"插入""零部件阵列""线性阵列"，选择边线作为阵列方向，距离为 1.00 cm，阵列数量为 25 个，选择第一个 CD 为需要阵列的零部件。这样，第一个 CD 已经完成装配，剩下的装配采用线性阵列，由系统来完成，用户只需指定装配数量、方向排布、间隔等数据，如图 3-9 所示。

（5）单击"保存"按钮，将该装配体命名为 CD 盒.sldasm。

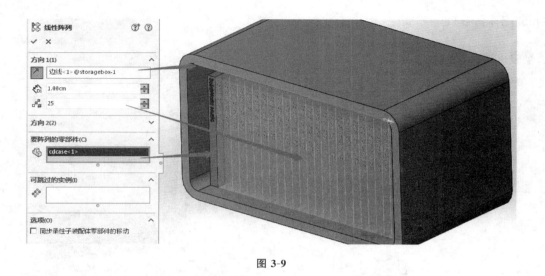

图 3-9

◀ 任务 2　机械手(爪)装配体 ▶

【学习要点】

◆ 掌握更多的配合指令
◆ 动手装配一个机械手
◆ 理解智能装配
◆ 拖动活动的零件
◆ 机械手的动画

一、机械手 3D 视图

机械手 3D 视图如图 3-10 所示。

图 3-10

机械手(爪)是工业机器人末端执行器的一种工具,它能模仿人手和臂的某些动作,能够按照设定好的程序进行抓取、搬运工件等,可以代替人类进行繁重的体力劳动,实现自动化生产。

二、机械手装配过程

(一) 使用智能配合

(1) 新建一个装配体,将该装配体命名为机械爪.sldasm 并保存。

(2) 在装配体工具栏中单击"插入零件",在指定的文件夹中找到支撑杆.sldprt 零件。

(3) 打开套筒零件,用图 3-11 所示的方式排布零件和装配体的窗口。

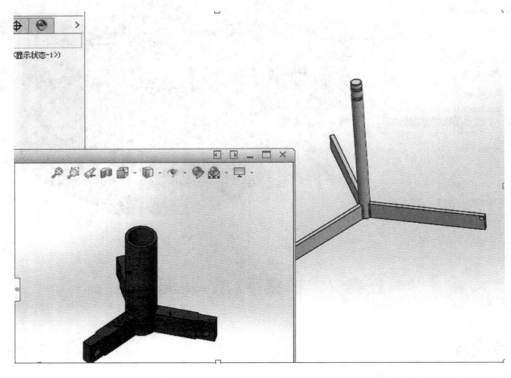

图 3-11

选择图 3-12 中高亮的套筒零件的圆柱面,将套筒拖入装配体中支撑杆零件的高亮面附近。指针后面出现两个圆柱图标时,松开鼠标左键,放下套筒零件,可以看到同轴心的配合已经添加完成。

从一个打开的窗口以特定的方法来拖动零件时,可以直接生成配合,这种方法称为智能配合。

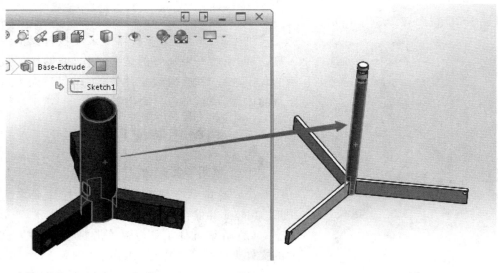

图 3-12

（4）打开爪零件，用同样的方式摆放两个窗口，如图 3-13 所示。

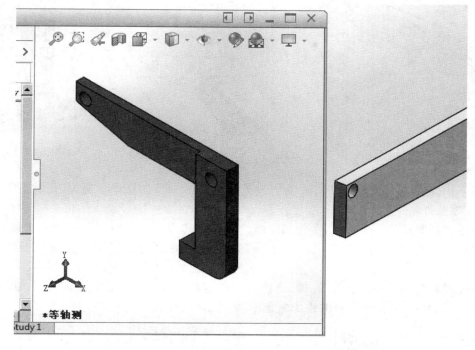

图 3-13

选择爪零件圆孔的边线，拖拽至支撑杆件圆孔，可以实现同轴心和重合的配合，如图 3-14 所示。如果配合过程中发现零件配合方向相反（发生干涉），如图 3-15 所示，按 Tab 键能调整方向。

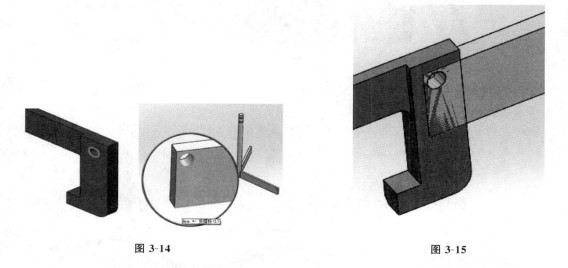

图 3-14   图 3-15

两个零件正确配合的结果如图 3-16 所示。

（5）添加连接杆零件，按下快捷键"R"，弹出的快捷菜单如图 3-17 所示，浏览至连接杆零件，单击"打开"按钮。

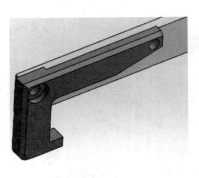

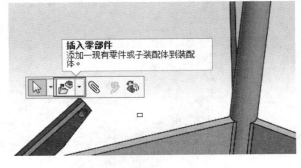

图 3-16　　　　　　　　　　　　　　　　　　　　　图 3-17

在按下快捷键"R"时,SolidWorks 会自动判断用户下一步的操作。例如,此时最常用的命令是"插入零部件"。

选择连接杆圆孔的一条边线,按住 Alt 键的同时将其拖动至套筒零件的圆孔边线,待鼠标指针出现同轴心符号时,松开 Alt 键,再松开鼠标左键,可以看到同轴心和重合的配合添加完毕。

选择连接杆的圆孔面,按住 Alt 键,拖拽连接杆至爪零件的圆孔面,先松开 Alt 键,再松开鼠标左键,SolidWorks 软件会弹出快捷配合栏,如图 3-18 所示。

图 3-18

由于 SolidWorks 软件已经判断出即将添加同轴心配合,所以可以直接单击"确定"按钮,无须再添加连接杆和爪零件的重合配合。

拖动套管零件上下移动,测试新添加的零件是否配合完善,如图 3-19 所示。

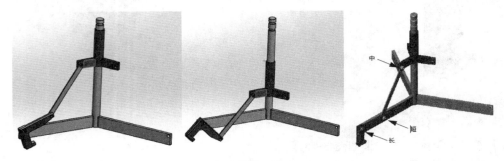

图 3-19

(6) 将文件夹中剩余的大、中、小号螺钉拖入装配体中,使用智能配合的方式装配。如果使用智能配合的过程中,螺钉的配合相反,按 Tab 键可以调整至合适的方向。注意要测量螺钉中螺杆的长度和孔深度。

(二）阵列零部件

剩下的零件无须一个个地手动装配,可以使用零件阵列完成剩下的装配工作。单击菜单栏中的"插入""零部件阵列""圆周阵列"命令,如图 3-20 所示。

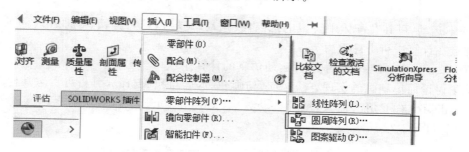

图 3-20

在"圆周阵列"中,选择参数"面<1>@支撑杆-1"(支撑杆的圆柱面,高亮面),角度"360.00度",阵列数量"3","等间距",要阵列的零部件选择 3 个螺钉、连接杆和爪零件,如图 3-21 所示。

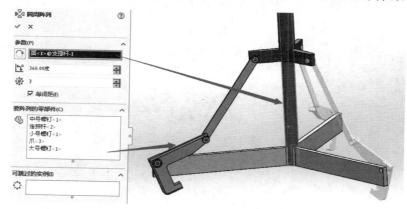

图 3-21

单击"确定"按钮,完成阵列,单击"保存"按钮,保存装配体。

(三）机械手的运动动画

观察装配体设计树,除了支撑杆零件后方标注为固定,其他零件均标注符号"—",这意味着这些零件处于欠定义状态。在装配体中,零件欠定义是很常见的,只有欠定义的零件才能在装配体中运动。

(1)拖动套管至支撑杆零件的下端部分,观察零部件间的运动,如图 3-22 所示。

图 3-22

（2）单击窗口下方的"运动算例"。运动算例是装配体模型运动的图形模拟并以动画的形式来表现模型的运动，装配体的动画基于运动算例中的时间线。

SolidWorks 软件的运动算例有三种，分别如下。

① 动画：以动画来动态模拟装配体的运动，同时也可包含视角变化（如从前视图切换到上视图）等。

② 基本运动：可在装配体中模拟电机（直线运动、旋转运动）、弹簧、零部件之间的接触（如碰撞），并且在计算中可考虑重力等。

③ Motion 分析：在装配体中进行运动仿真的计算。

在此只讨论简单动画的实现方法，复杂动画、基本运动和 Motion 分析可参考其他教材。

（3）单击窗口右下角的箭头，展开运动算例（MotionManager），默认的运动算例的算例类型为"动画"，如图 3-23 所示。

图 3-23

确定"自动键码"处于被选中的状态，如图 3-24 所示。

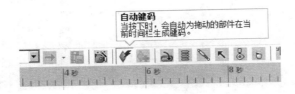

图 3-24

将时间线控制杆（见图 3-25（a）所示高亮的竖线）拖动至 4 秒处，如图 3-25（b）所示。

(a)   (b)

图 3-25

将装配体机械爪的关键帧（见图 3-26（a）所示黑色菱形图标）拖动至 4 秒处，如图 3-26（b）所示。可以看到，在 0 秒处的关键帧和 4 秒处的关键帧之间出现一条黑色的直线。

(a)   (b)

图 3-26

（4）向上拖动套筒零件至支撑杆零件的上端，如图 3-27 所示。

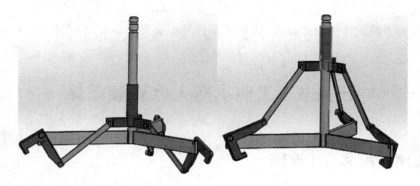

图 3-27

注意"运动算例"的视图栏，套筒零件的 2 个关键帧之间出现绿色的直线，如图 3-28 所示。

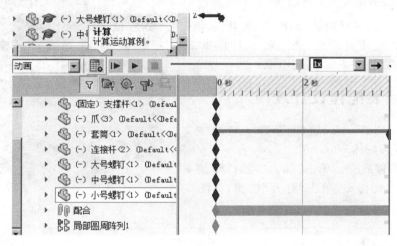

图 3-28

单击"计算"，机械爪装配体实现动画。将时间轴控制棒拖至 8 秒处，再将装配体机械手的关键帧拖至同样位置，单击"计算"，完整的机械手抓取过程完成。

提示：SolidWorks 软件是以零件和装配体的关键帧的过渡来实现动画的，所以设定好关键帧后，需要单击"计算"按钮。

（5）单击"播放"，动画可以重复播放。

（6）单击"保存动画"，将该动画命名为机械手（爪）.avi，如图 3-29 所示。用户可以使用播放器来播放刚才生成的动画文件。

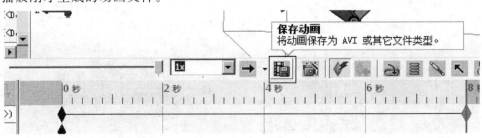

图 3-29

单击"保存"按钮,退出 SolidWorks。

小结:

本任务是关于装配体中智能配合、阵列零部件等配合指令的应用,在此基础上,还分析了机械手的运动过程。

◀ 任务3　工业机器人底座装配体 ▶

一、底座装配体 3D 视图

底座装配体 3D 视图如图 3-30 所示。

底座装配体的组成零件有多个,分别是 5 号电池、底座、底座 PCB 板、底座导向板 1、底座导向板 2、座底导向板 3、底座导向圈、底座盖、底座电池夹罩、底座内圈板、底座外圈板、底座罩 1、底座罩 2、底座罩 3、底座罩 4、底座罩 5、底座罩 6。

二、底座装配体设计过程

（1）打开 SolidWorks 软件,新建一装配体文件,命名为底座装配体.sldasm。

（2）插入零件底座。单击"插入零部件",浏览到底座零件所在文件夹,单击"打开"按钮,如图 3-31 所示。

图 3-30

图 3-31

以同样的方法插入零件底座导向板 1。

设定底座和底座导向板 1 的配合关系为同轴心,如图 3-32 所示。

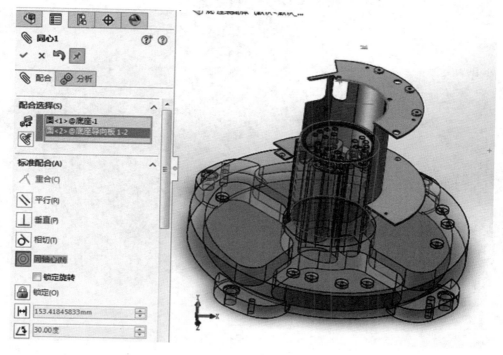

图 3-32

(3) 以同样的方法插入零件底座导向板 2。

设定底座和底座导向板 2 的配合、底座导向板 1 和底座导向板 2 的配合。

① 设定底座和底座导向板 2 的配合关系为同轴心,如图 3-33 所示。

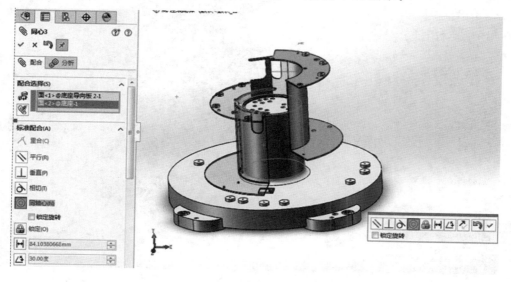

图 3-33

② 设定底座和底座导向板 2 的配合关系为重合,如图 3-34 所示。

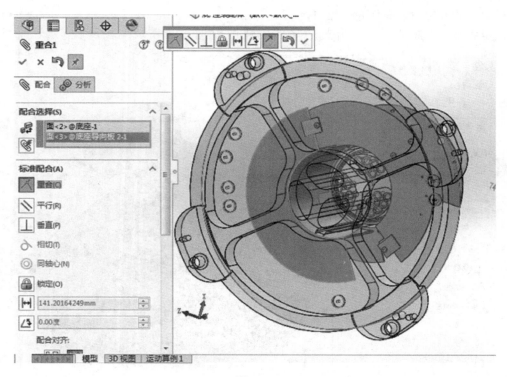

图 3-34

③ 设定底座导向板 1 和底座导向板 2 的配合关系为重合，如图 3-35 所示。（此时可以设定底座零件隐藏。）

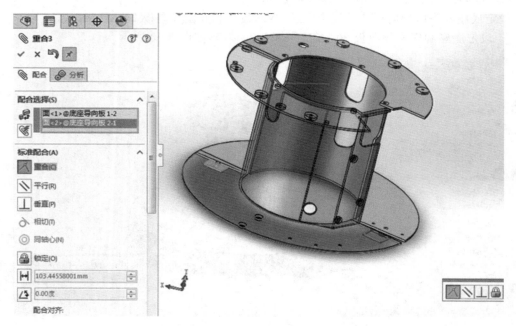

图 3-35

（4）以同样的方法插入零件底座内圈板。

设定底座内圈板和底座导向板 1、底座导向板 2 的配合。

① 设定底座内圈板和底座导向板 1 的配合关系为重合，如图 3-36 所示。

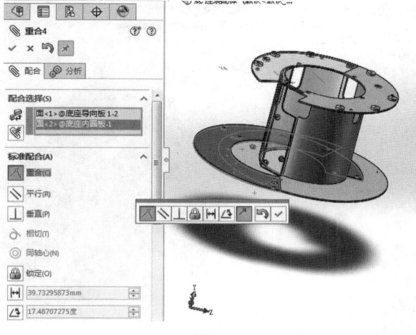

图 3-36

② 设定底座内圈板和底座导向板 2 的配合关系为同轴心，如图 3-37 所示。

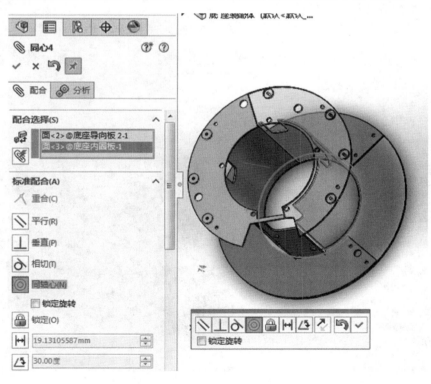

图 3-37

（5）以同样的方法插入零件底座外圈板。

设定底座外圈板和底座的配合关系为同轴心，如图 3-38 所示。（此时设定底座显示。）

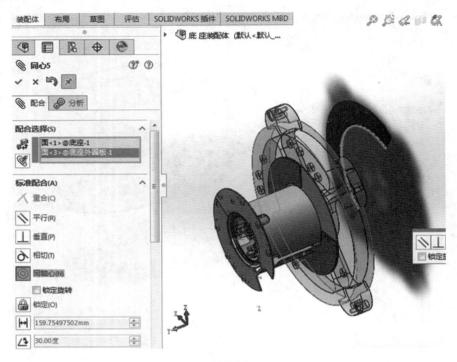

图 3-38

（6）以同样的方法插入零件底座罩 1。

设定底座罩 1 和底座导向板 2 的配合关系为同轴心，如图 3-39 所示。

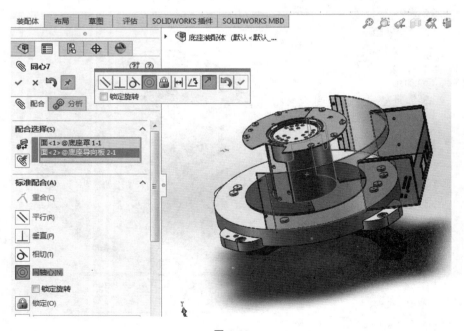

图 3-39

（7）以同样的方法插入零件底座罩 2。

首先，设定底座罩 2 和底座导向板 1 的配合。

① 设定底座导向板 1 和底座罩 2 的配合关系为同轴心，如图 3-40 所示。

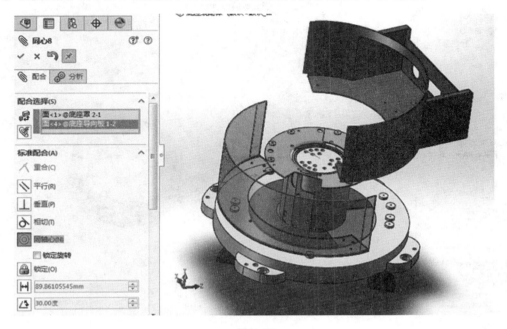

图 3-40

② 设定底座罩 1 和底座罩 2 的配合关系为重合，如图 3-41 所示。

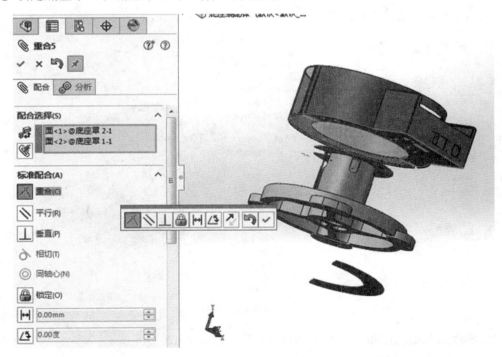

图 3-41

③ 设定底座罩 1 和底座罩 2 的配合关系为重合,如图 3-42 所示。(可以将其他的零件设置成隐藏。)

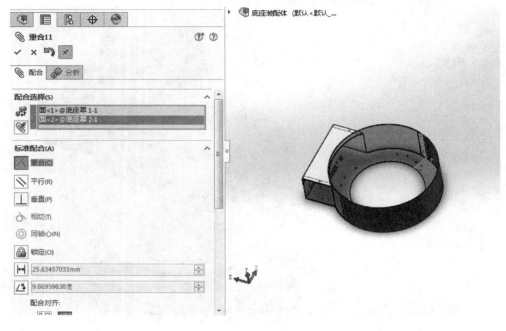

图 3-42

其次,设定底座罩 1 和底座的配合。

① 设定底座罩 1 的面和底座前视基准面的配合关系为垂直,如图 3-43 所示。

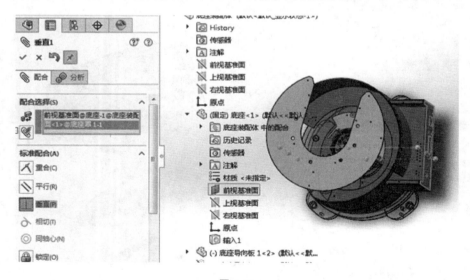

图 3-43

② 设定底座罩 1 的面和底座的面的配合关系为重合,如图 3-44 所示。

再次,设定底座外圈板与底座罩 2 的配合关系为重合,如图 3-45 所示。

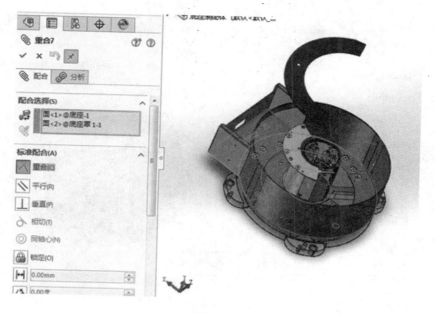

图 3-44

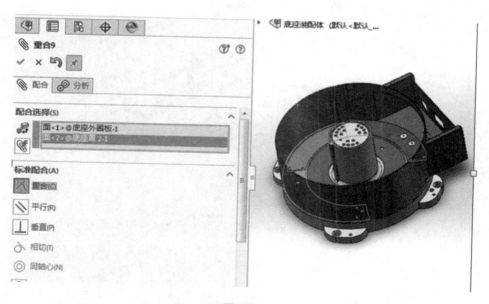

图 3-45

（8）以同样的方法插入零件底座罩 6。

设定底座罩 6 和底座导向板 1 的配合关系为同轴心，如图 3-46 所示。

（11）以同样的方法插入零件底座罩 3。

设定底座罩 3 和底座罩 1 的配合关系（此时可将其他的零件隐藏）。

① 设定底座罩 3 和底座罩 1 的面的配合关系为重合，如图 3-47 所示。

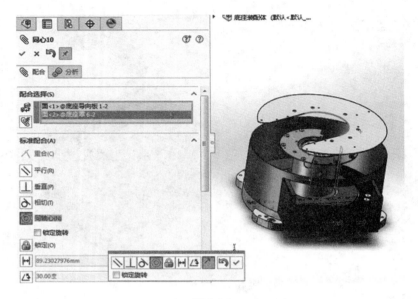

图 3-46

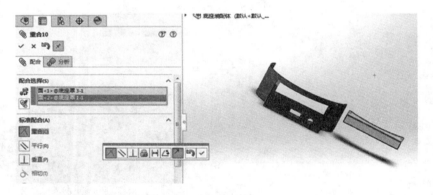

图 3-47

② 设定底座罩 3 和底座罩 1 的螺栓孔的配合关系为同轴心，如图 3-48 所示。

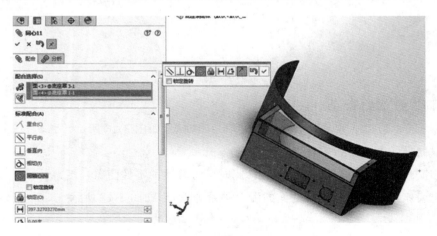

图 3-48

③ 设定底座罩 3 和底座罩 1 的螺栓孔的配合关系为同轴心,如图 3-49 所示。

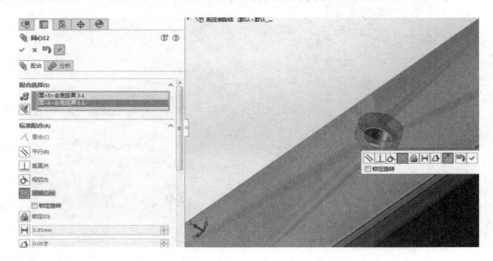

图 3-49

(12) 以同样的方法插入零件 5 号电池。复制 2 个电池,共生成 3 节 5 号电池,如图 3-50 所示。

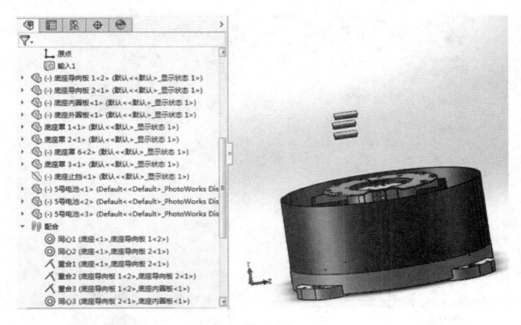

图 3-50

首先,设定 5 号电池 1 和 5 号电池 2 的配合关系。

① 设定 5 号电池 1 和 5 号电池 2 的圆柱面配合关系为相切,如图 3-51 所示。

② 设定 5 号电池 1 和 5 号电池 2 的尾端面配合关系为重合,如图 3-52 所示。

③ 设定 5 号电池 1 的上视基准面和 5 号电池 2 的上视基准面的配合关系为重合,如图 3-53 所示。

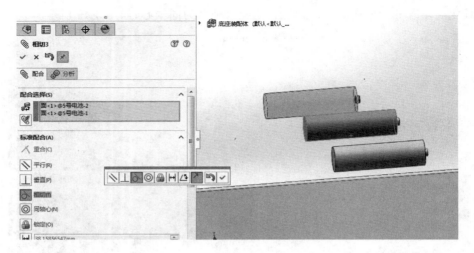

图 3-51

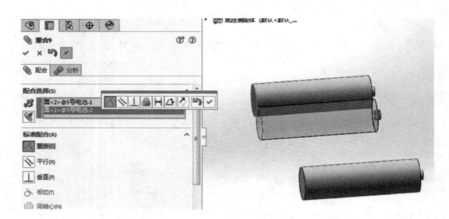

图 3-52

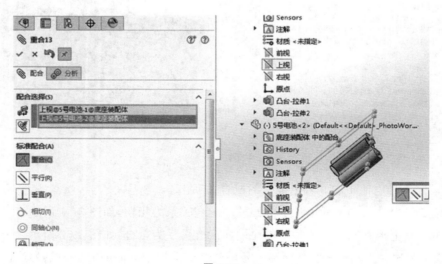

图 3-53

其次,设定 5 号电池 2 和 5 号电池 3 的配合关系。

5 号电池 2 和 5 号电池 3 的配合关系与前面 5 号电池 1 和 5 号电池 2 的配合关系相同,即圆柱面配合关系为相切,尾端面配合关系为重合,上视基准面配合关系为重合。

(13) 以同样的方法插入零件底座电池夹罩。

设定底座电池夹罩和 5 号电池组的配合。

① 设定底座电池夹罩的面和 5 号电池组尾端面的配合关系为距离 2.00 mm,如图 3-54 所示。

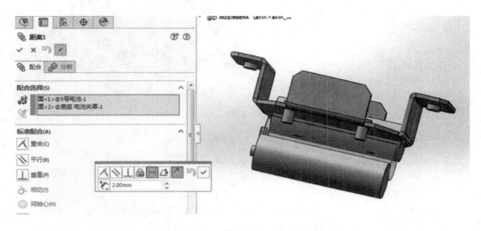

图 3-54

② 设定底座电池夹罩的面和 5 号电池 1 的上视基准面的配合关系为平行,如图 3-55 所示。

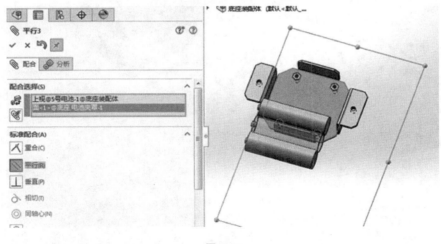

图 3-55

(14) 以同样的方法插入零件底座 PCB 板。

设定底座 PCB 板和底座电池夹罩的配合(可将其余的零件设置为隐藏)。

① 设定底座 PCB 板螺丝孔和底座电池夹罩的螺丝孔的配合关系为同轴心,如图 3-56 所示。

② 设定底座 PCB 板螺丝孔和底座电池夹罩的螺丝孔的配合关系为同轴心,如图 3-57 所示。

③ 设定底座 PCB 板面和底座电池夹罩的面的配合关系为重合,如图 3-58 所示。

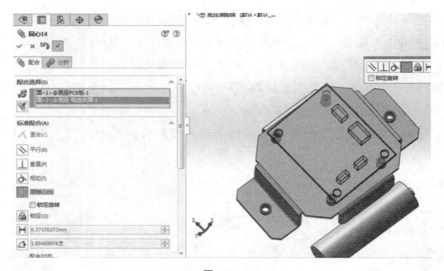

图 3-56

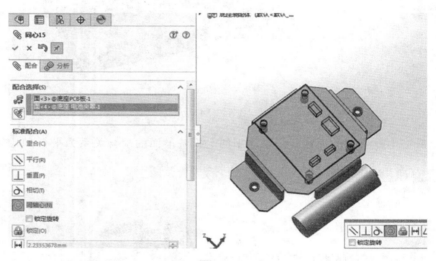

图 3-57

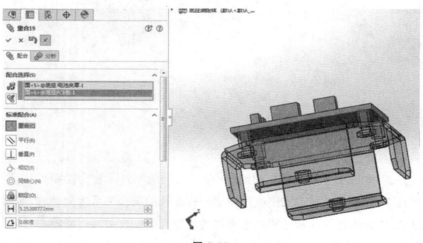

图 3-58

（15）设定底座罩 1 和底座电池夹罩的配合（此时设置底座罩 1 显示）。

① 设定底座罩 1 的螺丝孔和底座电池夹罩螺丝孔的配合关系为同轴心，如图 3-59 所示。

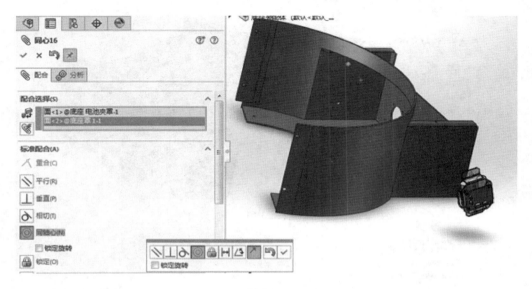

图 3-59

② 设定底座罩 1 的螺丝孔和底座电池夹罩螺丝孔的配合关系为同轴心，如图 3-60 所示。

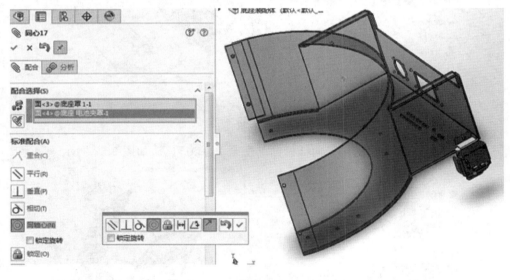

图 3-60

③ 设定底座罩 1 的面和底座电池夹罩面的配合关系为重合，如图 3-61 所示。

（16）以同样的方法插入零件底座导向圈。

以同样的方法插入零件底座罩 5。

首先，设定底座罩 5 和底座导向圈的配合（此时可将其他零件设置成隐藏）。

① 设定底座罩 5 螺丝孔和底座导向圈螺丝孔的配合关系为同轴心，如图 3-62 所示。

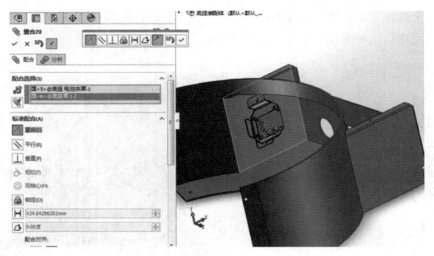

图 3-61

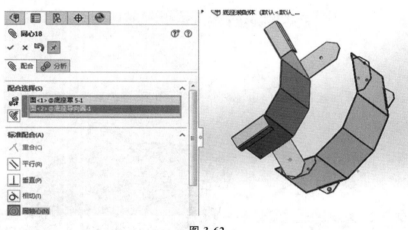

图 3-62

② 设定底座罩 5 的面和底座导向圈的面的配合关系为重合，如图 3-63 所示。

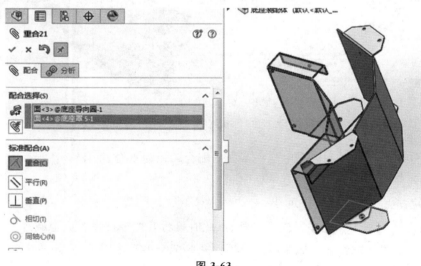

图 3-63

③ 设定底座罩 5 螺丝孔和底座导向圈螺丝孔的配合关系为同轴心,如图 3-64 所示。

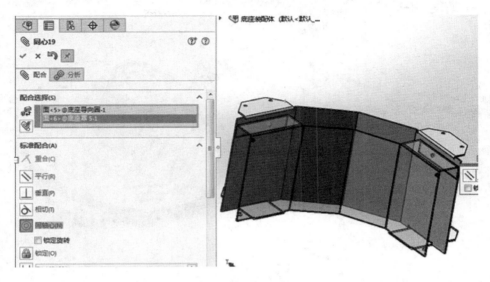

图 3-64

其次,设定底座罩 5 和底座的配合(此时可将其他零件设置成隐藏)。

① 设定底座罩 5 螺丝孔和底座螺丝孔的配合关系为同轴心,如图 3-65 所示。

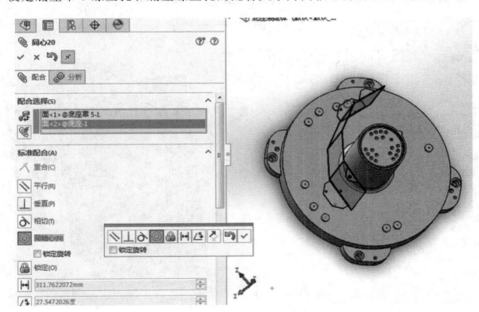

图 3-65

② 设定底座罩 5 的面和底座的面的配合关系为重合,如图 3-66 所示。

(17) 以同样的方法插入零件底座罩 7。

以同样的方法插入零件底座盖。

首先,设定底座罩 7 和底座盖的配合。

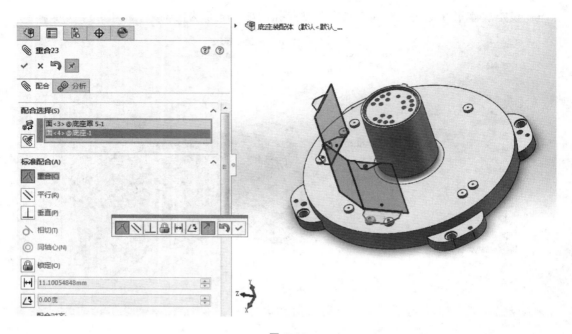

图 3-66

① 设定底座盖的螺丝孔和底座罩 7 的螺丝孔同轴心,如图 3-67 所示。

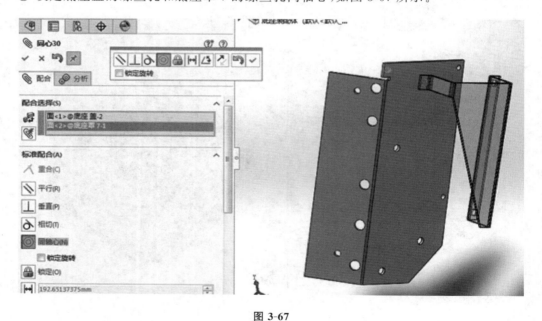

图 3-67

② 设定底座盖的螺丝孔和底座罩 7 的螺丝孔同轴心,如图 3-68 所示。

③ 设定底座盖的面和底座罩 7 的面重合,如图 3-69 所示。

其次,设定底座导向板 1 和底座罩 7 的配合(其他零件设置为隐藏)。

① 设定底座导向板 1 的螺丝孔和底座罩 7 的螺丝孔的配合关系为同轴心,如图 3-70 所示。

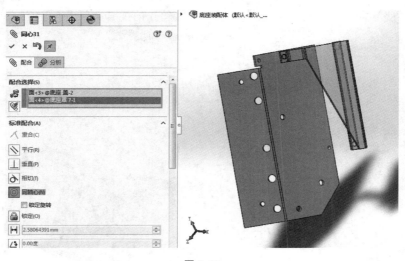

图 3-68

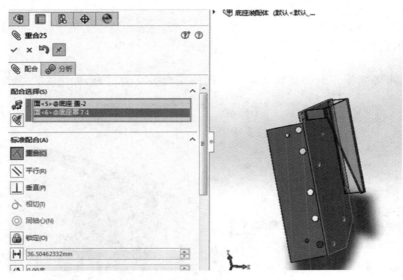

图 3-69

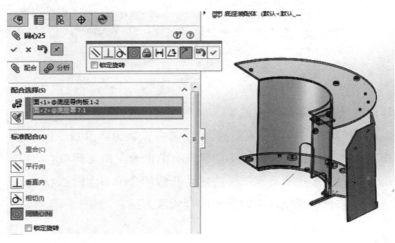

图 3-70

② 设定底座导向板 1 的螺丝孔和底座罩 7 的螺丝孔的配合关系为同轴心,如图 3-71 所示。

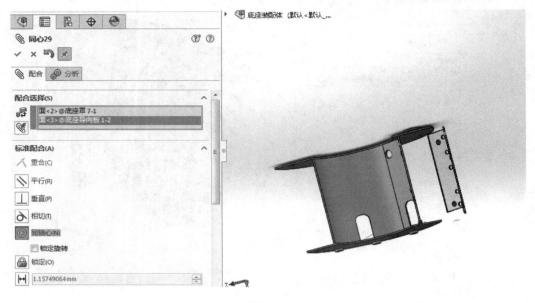

图 3-71

③ 设定底座导向板 1 的面和底座罩 7 的面的配合关系为重合,如图 3-72 所示。

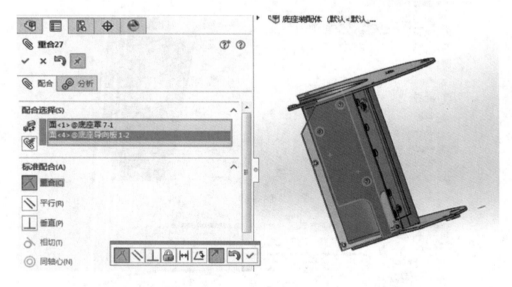

图 3-72

(18) 以同样的方法插入零件底座罩 4。

设定底座罩 4 和底座罩 1 的配合关系(其他零件可设置为隐藏)。

① 设定底座罩 4 的螺丝孔和底座罩 1 的螺丝孔的配合关系为同轴心,如图 3-73 所示。

② 设定底座罩 4 的螺丝孔和底座罩 1 的螺丝孔的配合关系为同轴心,如图 3-74 所示。

③ 设定底座罩 4 的面和底座罩 1 的面的配合关系为重合,如图 3-75 所示。

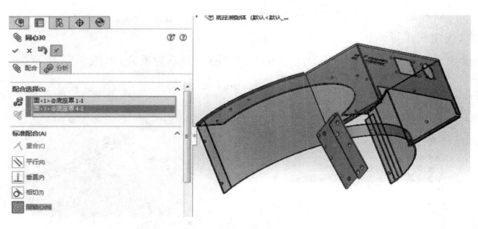

图 3-73

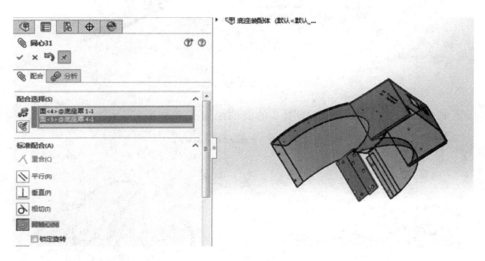

图 3-74

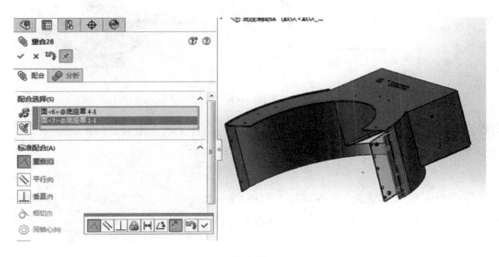

图 3-75

（19）以同样的方法插入零件底座导向板 3。

首先，设定底座导向板 3 和底座罩 6 的配合关系。

① 设定底座导向板 3 的面和底座罩 6 的面的配合关系为重合，如图 3-76 所示。

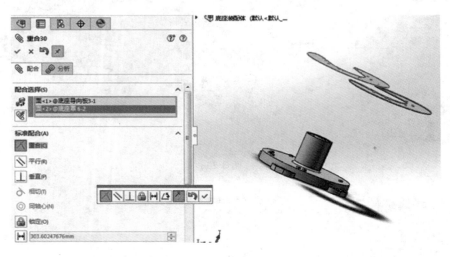

图 3-76

② 设定底座导向板 3 的面和底座罩 6 的面的配合关系为平行，如图 3-77 所示。

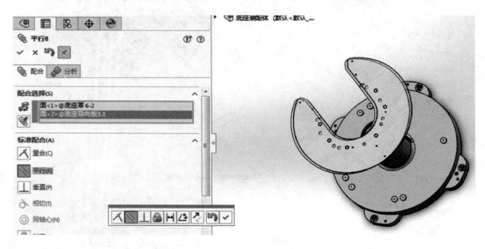

图 3-77

其次，设定底座导向板 2 的面和底座罩 6 的面的配合关系为重合，如图 3-78 所示。

（20）底座装配完成，如图 3-79 所示，单击"保存"按钮。

小结：

本任务分析了底座的装配，在各零件不同的面多次使用重合配合，在各零件不同的孔多次使用同轴心配合，还使用了平行、相切、距离等配合指令。

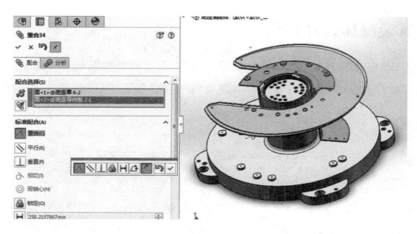

图 3-78

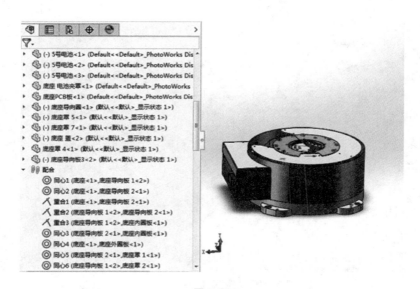

图 3-79

◀ 任务 4　工业机器人小臂装配体 ▶

一、小臂装配体 3D 视图

小臂装配体 3D 视图如图 3-80 所示。

小臂装配体的组成零件有 5 个,分别是小臂、小臂内部盖板、100 W 电机、同步轮及小臂盖板。小臂的装配设计确定小臂为基准零件,把另外的 4 个零件顺次插入,设定配合关系。

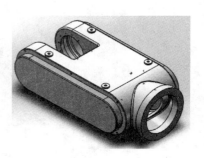

图 3-80

二、小臂装配体设计过程

（1）打开 SolidWorks 软件，新建一个装配体文件，命名为小臂装配体.sldasm。

（2）插入零件小臂。单击"插入零部件"，浏览到小臂所在文件夹，单击"打开"按钮，如图 3-81 所示。

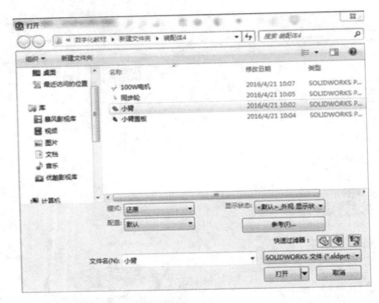

图 3-81

以同样的方法插入零件小臂内部盖板。

设定小臂与小臂内部盖板的配合关系。

① 设定小臂的加工面和小臂内部盖板的面的配合关系为重合，如图 3-82 所示。

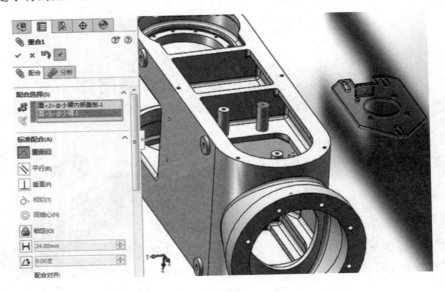

图 3-82

② 设定小臂内部盖板的槽口边线和小臂加工面的边线的配合关系为同轴心,如图 3-83 所示。

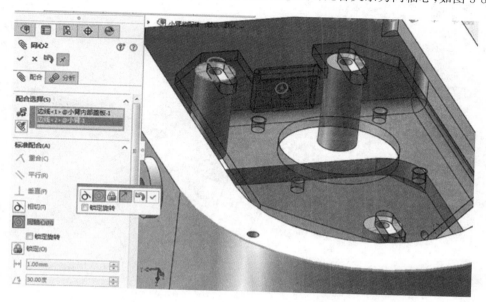

图 3-83

③ 设定小臂内部盖板的另一个槽口边线和小臂加工面的另一个边线的配合关系为同轴心,如图 3-84 所示。

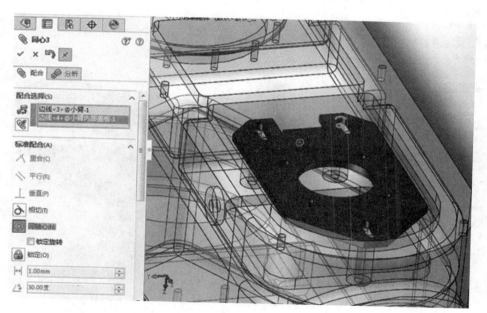

图 3-84

(3)以同样的方法插入零件 100 W 电机。

设定 100 W 电机与小臂内部盖板的配合关系。(此时可以设定隐藏零件小臂。)

① 设定小臂内部盖板的面与 100 W 电机的面的配合关系为重合,如图 3-85 所示。

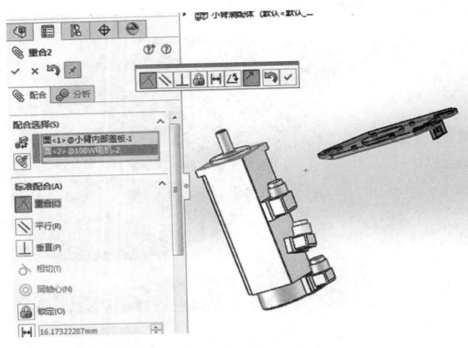

图 3-85

② 设定小臂内部盖板的边线与 100 W 电机的边线的配合关系为同轴心,如图 3-86 所示。

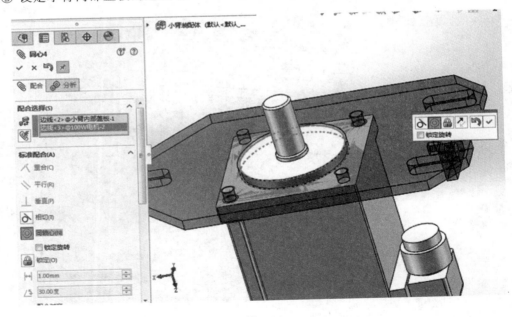

图 3-86

③ 设定小臂内部盖板的边线与 100 W 电机的边线的配合关系为同轴心,如图 3-87 所示。

(4) 以同样的方法插入同步轮。

设定同步轮与 100 W 电机的配合关系。(此时可以设定隐藏零件小臂内部盖板。)

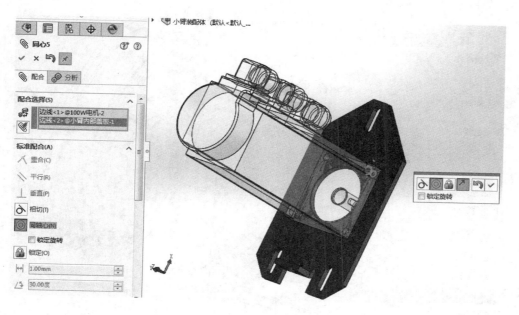

图 3-87

① 设定同步轮轮孔的面与 100 W 电机的轴的面的配合关系为同轴心,如图 3-88 所示。

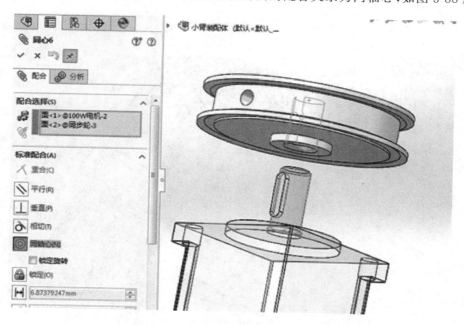

图 3-88

② 设定同步轮轮孔的槽口侧面与 100 W 电机的轴的键的侧面的配合关系为重合,如图 3-89 所示。

③ 设定同步轮轮孔凸台的面与 100 W 电机的轴凸台的面的配合关系为相切,如图 3-90 所示。

显示小臂和小臂内部盖板。将鼠标移动到设计树上的小臂内部盖板,单击右键,在快捷菜单中单击"显示"命令。

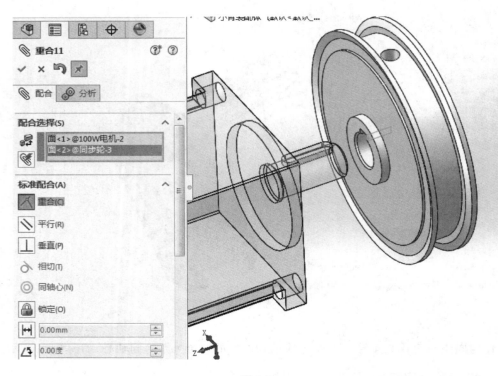

图 3-89

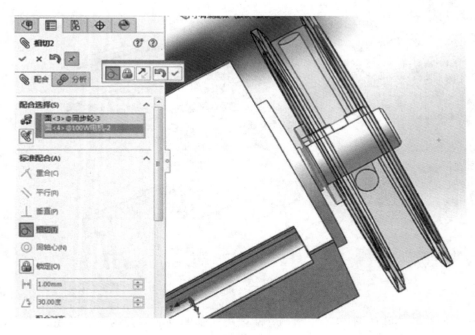

图 3-90

（5）以同样的方法插入小臂盖板（外部）。

设定小臂盖板和小臂的配合关系。

① 设定小臂的面与小臂盖板的面的配合关系为重合，如图 3-91 所示。

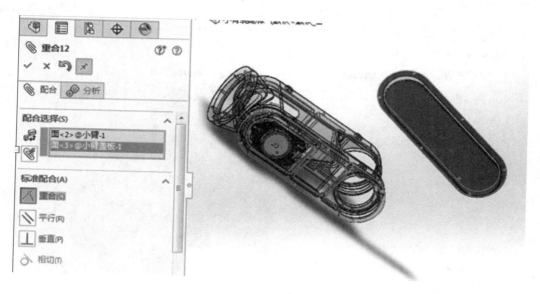

图 3-91

② 设定小臂的边线与小臂盖板的边线的配合关系为同轴心,如图 3-92 所示。

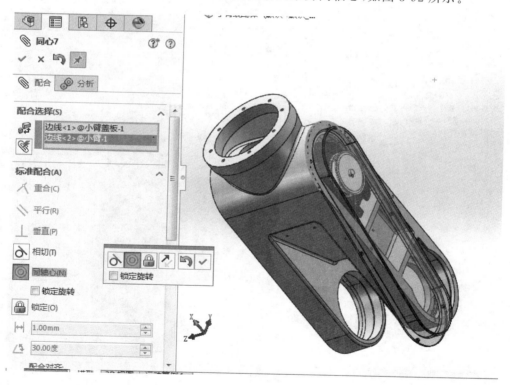

图 3-92

③ 设定小臂的边线与小臂盖板的边线的配合关系为同轴心,如图 3-93 所示。

在配置导航树上单击"属性",在菜单栏上单击"线性零部件阵列",单击"镜向零部件",如图 3-94 所示。

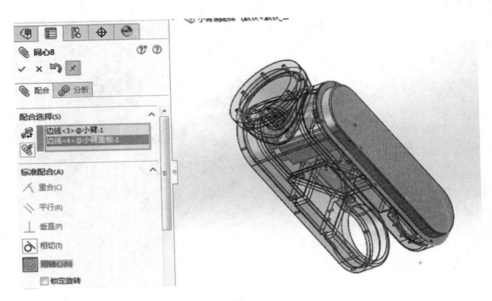

图 3-93

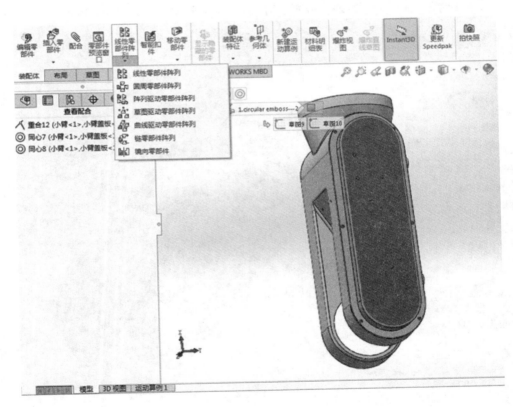

图 3-94

在镜向零部件中,选择镜向的基准面"前视基准面",要镜向的零部件"小臂盖板-1",如图 3-95 所示。

单击"确定"按钮,小臂装配体完成,如图 3-96 所示。

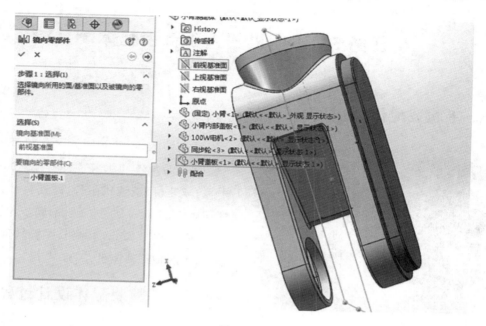

图 3-95

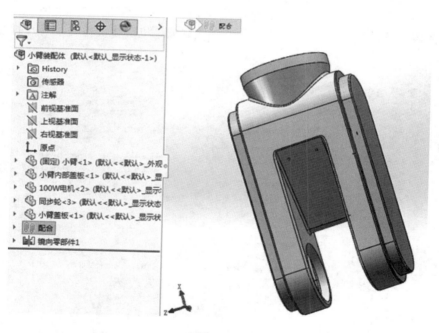

图 3-96

小结：

本任务分析了小臂的装配，在各零件不同的面多次使用重合配合，在各零件不同的孔多次使用同轴心配合，还使用了零部件镜向等配合指令。

◀ 任务 5　工业机器人手腕装配体 ▶

一、手腕装配体 3D 视图

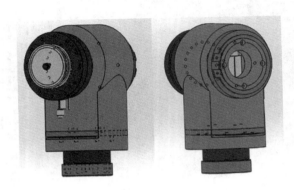

图 3-97

手腕装配体 3D 视图如图 3-97 所示。

手腕装配体的组成零件有 12 个,分别是手腕、减速机、减速机附件、减速机垫片、手腕部连接块、手腕部法兰、手腕部同步轮、手腕部轴、手腕部轴 C 型止动轴档、手腕轴部减速机轴承、手腕轴部减速机、50W 电机。

二、手腕装配体设计过程

(1) 打开 SolidWorks 软件,新建一个装配体文件,命名为手腕装配体. sldasm。

(2) 插入零件减速机。单击"插入零部件",浏览到减速机所在文件夹,单击"打开"按钮,如图 3-98 所示。

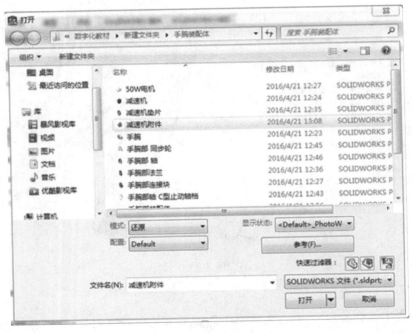

图 3-98

以同样的方法插入零件减速机附件。

① 设定减速机的底部圆边线与减速机附件轴边线的配合关系为同轴心,如图 3-99 所示。

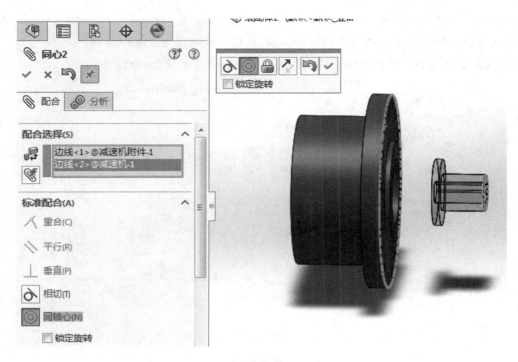

图 3-99

② 设定减速机上表面与减速机附件的面的配合关系为距离 40.50 mm，如图 3-100 所示。

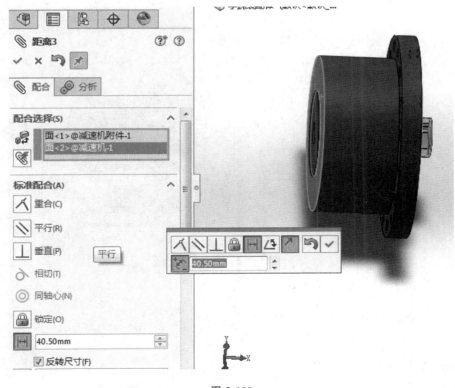

图 3-100

（3）以同样的方法插入零件减速机垫片。

设定减速机垫片与减速机附件的配合关系。（设定减速机为隐藏。）

① 设定减速机垫片的面与减速机附件的面的配合关系为重合，如图 3-101 所示。

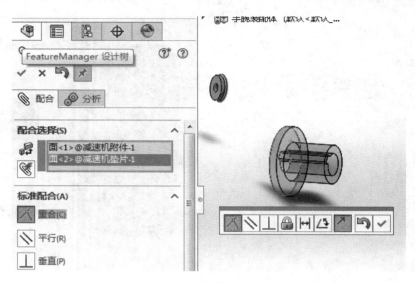

图 3-101

② 设定减速机垫片的内孔边线与减速机附件的轴内孔边线的配合关系为同轴心，如图 3-102 所示。

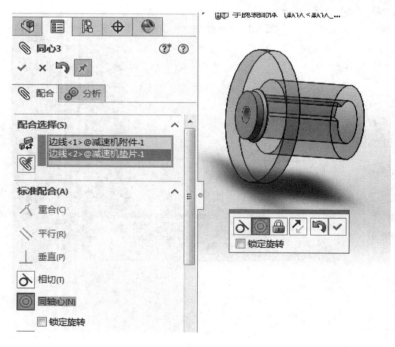

图 3-102

（4）以同样的方法插入零件手腕部连接块。

设定手腕部连接块与减速机的配合关系。

① 设定手腕部连接块的外圆与减速机外圆的配合关系为同轴心，如图 3-103 所示。

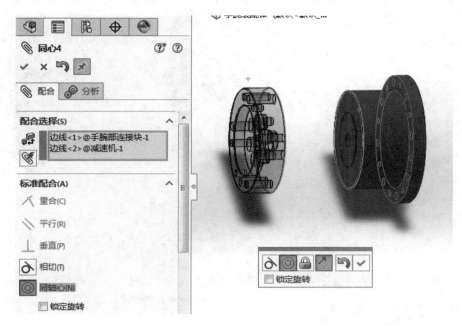

图 3-103

② 设定手腕部连接块面与减速机表面的配合关系为重合，如图 3-104 所示。

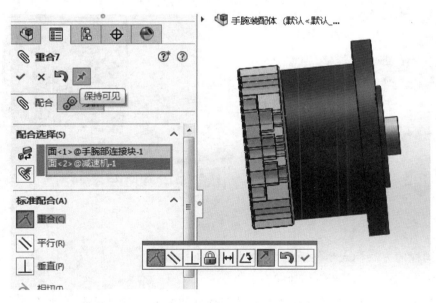

图 3-104

（5）以同样的方法插入零件手腕部法兰。

设定减速机和手腕部法兰的配合关系。

① 设定减速机外圆与手腕部法兰的外圆的配合关系为同轴心,如图 3-105 所示。

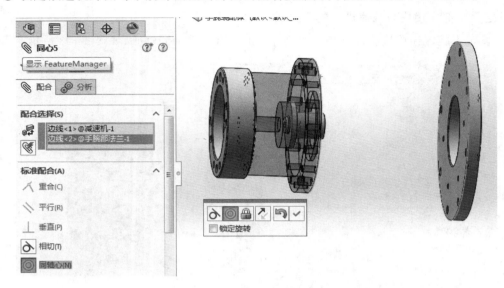

图 3-105

② 设定减速机面与手腕部法兰的面的配合关系为重合,如图 3-106 所示。

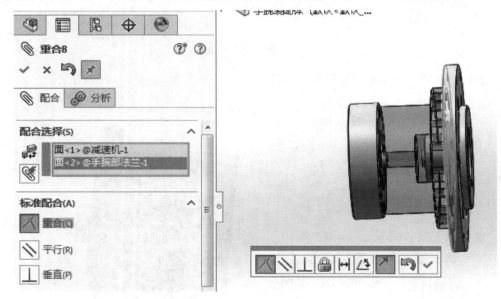

图 3-106

(6) 以同样的方法插入零件手腕。

首先,设定手腕和手腕部法兰的配合关系。

① 设定手腕的外圆面与手腕部法兰的外圆柱面的配合关系为同轴心,如图 3-107 所示。

② 设定手腕的螺栓孔与法兰的螺栓孔的配合关系为同轴心,如图 3-108 所示。

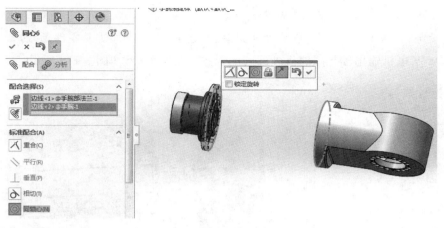

图 3-107

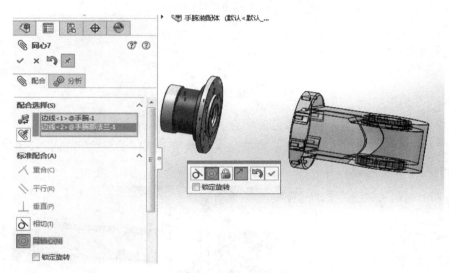

图 3-108

③ 设定手腕的底面与手腕部法兰凸台面的配合关系为重合,如图 3-109 所示。

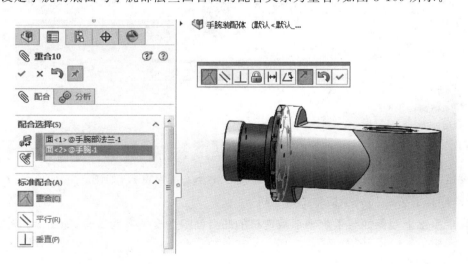

图 3-109

（7）以同样的方法插入零件 50 W 电机。

首先，设定 50 W 电机与减速机的配合关系（设定手腕、手腕部法兰零件隐藏）。

设定 50 W 电机输出轴与减速机外圆的配合关系为同轴心，如图 3-110 所示。

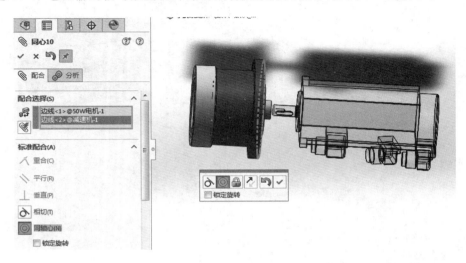

图 3-110

其次，设定 50 W 电机与手腕部法兰的配合关系。

① 设定 50 W 电机端面连接孔与手腕部法兰连接孔的配合关系为同轴心，如图 3-111 所示。（设定手腕零件隐藏。）

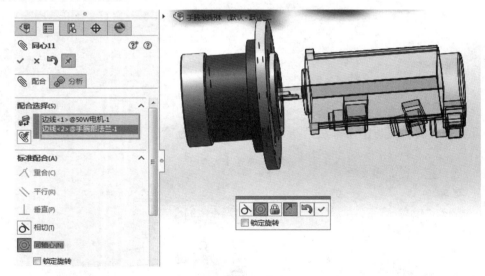

图 3-111

② 设定 50 W 电机端面与手腕部法兰端面的配合关系为重合，如图 3-112 所示。

（8）以同样的方法插入手腕轴部减速机。

① 设定手腕上端侧面与手腕轴部减速机的凸台面的配合关系为重合，如图 3-113 所示。

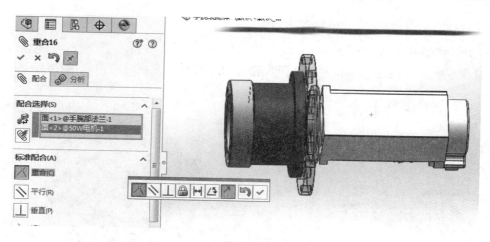

图 3-112

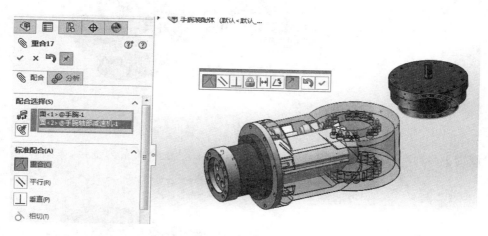

图 3-113

② 设定手腕上端侧面外圆与手腕轴部减速机外圆的配合关系为同轴心，如图 3-114 所示。

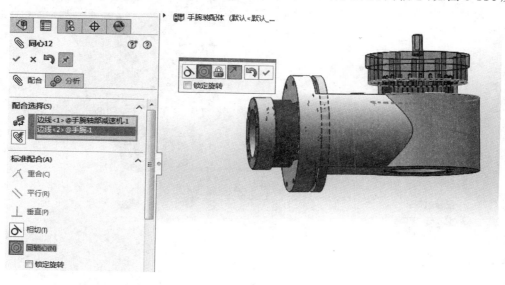

图 3-114

（9）以同样的方法插入零件手腕部同步轮。

设定手腕轴部减速机和手腕部同步轮的配合关系。

① 设定手腕轴部减速机轴和手腕部同步轮的内孔的配合关系为同轴心，如图 3-115 所示。

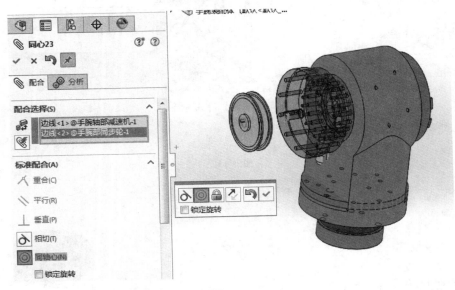

图 3-115

② 设定手腕轴部减速机轴的面和手腕部同步轮的面的配合关系为重合，如图 3-116 所示。

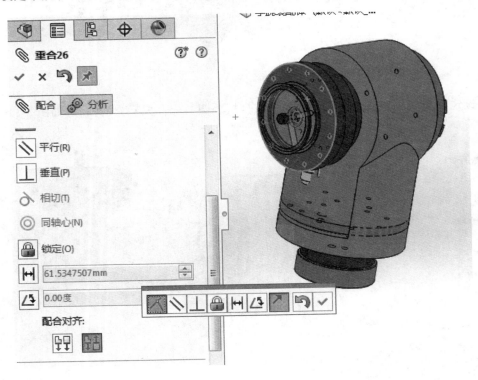

图 3-116

（10）以同样的方法插入零件手腕部轴。

① 设定手腕部轴上螺纹孔与手腕侧面螺纹孔的配合关系为同轴心，如图 3-117 所示。

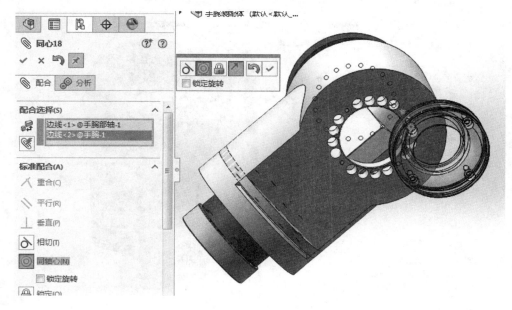

图 3-117

② 设定手腕部轴底面与手腕上端侧面的配合关系为重合，如图 3-118 所示。

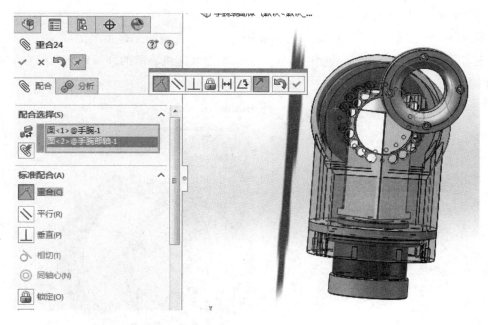

图 3-118

③ 设定手腕部轴内孔与手腕上端侧面中心孔的配合关系为同轴心，如图 3-119 所示。

图 3-119

(11) 以同样的方法插入零件手腕轴部减速机轴承。

以同样的方法插入零件手腕部轴 C 型止动轴档。

首先,设定手腕部轴 C 型止动轴档与手腕轴部减速机轴承的配合关系。

① 设定手腕部轴 C 型止动轴档的边线与手腕轴部减速机轴承的外圆柱面的配合关系为同轴心,如图 3-120 所示。

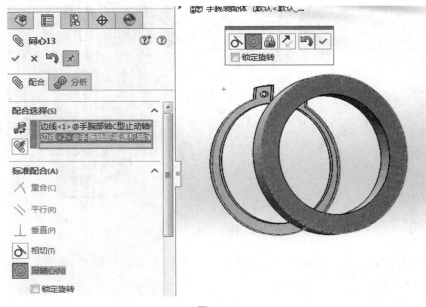

图 3-120

② 设定手腕部轴 C 型止动轴档的面与手腕轴部减速机轴承的面的配合关系为重合,如图 3-121 所示。

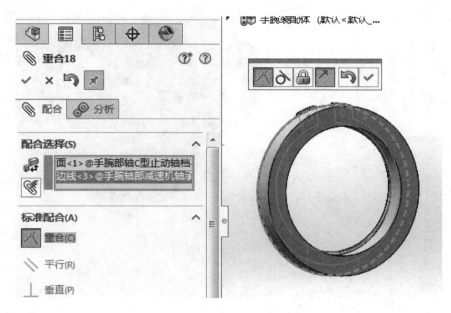

图 3-121

手腕部轴 C 型止动轴档需要 2 个,另一个手腕部轴 C 型止动轴档与手腕轴部减速机轴承的配合关系与前一个相同,通过镜向零部件实现配合,如图 3-122 所示。

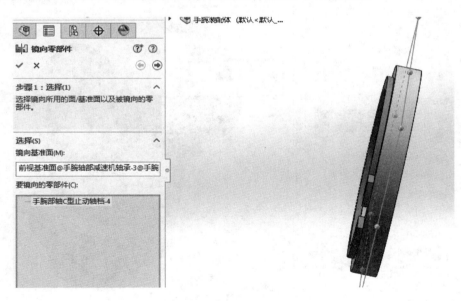

图 3-122

其次,设定手腕部轴和手腕轴部减速机轴承部件的配合关系。

① 设定一个手腕轴部 C 型止动轴档外表面与手腕部轴卡槽内表面的配合关系为距离 0.2 mm,如图 3-123 所示。

图 3-123

② 设定手腕部轴外圆和手腕轴部减速机轴承外圆的配合关系为同轴心，如图 3-124 所示。

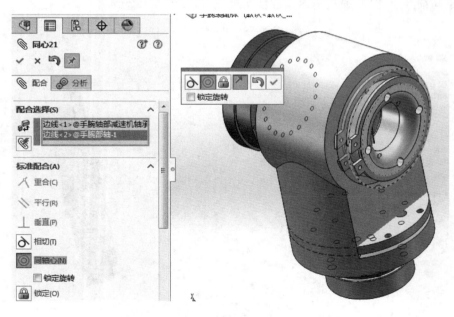

图 3-124

单击"确定"按钮，手腕部装配体完成，如图 3-125 所示。

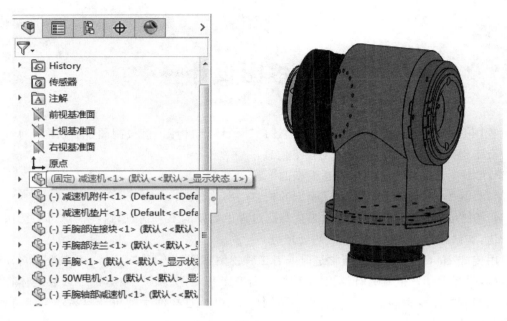

图 3-125

小结：

本任务分析了手腕的装配,在各零件不同的面多次使用重合指令,在各零件不同的圆多次使用同轴心指令,还使用了距离、镜向零部件等配合指令。

SolidWorks 工程图设计

工程图是一种用二维图表或图画来描述的建筑图、结构图、机械制图、电气图纸和管路图纸。一个工程图表达零件或装配体的以下信息：

（1）形状——使用视图用于表达模型的形状；

（2）大小——使用尺寸用于表达模型的长、宽、高等数据；

（3）其他信息——使用注释用于表达制造过程中需要的工艺信息，这些信息可能无法由图形来表达，如钻孔、镗孔、研磨、精度、热处理等。

使用传统 2D CAD，工程图通常过时或者工程视图不能准确反映设计。由于没有自动化的更新系统，每当设计发生变更时，需要手动更新所有工程视图。若一个零部件或装配体存在于多个不同的装配体或者同一装配体有许多不同的层次时，这样的手动更新容易产生制造错误，并会拖延产品交付。

使用 SolidWorks 3D CAD 可以快速创建始终最新并可用于生产的 2D 工程图。在 SolidWorks 软件中，将 3D 模型拖放到工程图中即可创建视图，当然也可以从调色板拖放预定义的工程视图进行创建。该工程视图始终与 3D 模型保持一致，所有工程视图都自动反映设计更改，可以避免信息过时或出错，节省时间，并提高生产效率。

使用 SolidWorks 3D CAD 可以创建详细的工程图视图，可以直接在 3D 模型中添加尺寸、公差和注解，可以方便地编制用于制造、检查、设计和其他用途的文档。

在 SolidWorks 工程图模板内部包括材料明细表模板，可以为下游采购和制造工序自动创建材料明细表（BOM）和切割清单，在 2D 工程图中或者直接在 3D 装配体模型中显示材料明细表信息，在设计发生更改时自动更新，材料明细表始终处于最新状态。

◀ 任务 1　工程图基础 ▶

【学习要点】

◇ 视图及表示方法

◇ 新建工程图

◇ 图纸设定

◇ 创建标准三视图

◇ 工程图尺寸标注

◇ 工程图视图选择

一、概述

视图是指将人的视线规定为平行投影线,然后正对着物体看过去,将所见物体的轮廓用正投影法绘制出来的图形。工程上,习惯将投影图称为视图。一个物体有三个视图:主视图(或正视图)指从物体的前面向后面投射所得的视图,它能反映物体的前面形状;俯视图指从物体的上面向下面投射所得的视图,它能反映物体的上面形状;左视图(侧视图)指从物体的左面向右面投射所得的视图,它能反映物体的左面形状。

三视图是主视图(正视图)、俯视图、左视图(侧视图)的总称,在工程上常用三视图来表达一个物体。通常,一个视图只能反映物体的一个方位的形状,不能完整反映物体的结构形状。而三视图是从三个不同方向对同一个物体进行投射的结果,另外还有剖面图、半剖面图等作为辅助,基本上能完整表达物体的结构。

二、工程图绘制

工程图绘制过程如下。

(1) 单击"新建"文件,选择"工程图",单击"确定"按钮,如图 4-1 所示,进入工程图绘制环境。双击模版也可以进入工程图绘制环境,用户可以根据喜好使用以上两种方式之一来创建工程图。

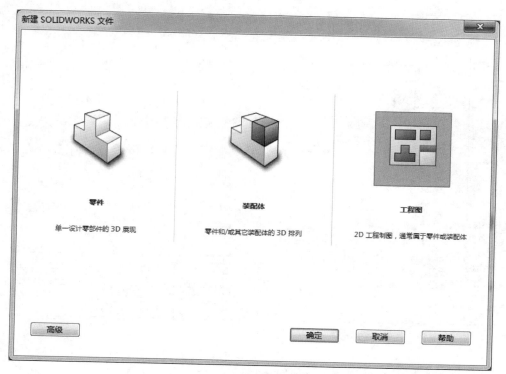

图 4-1

(2) 单击"视图布局"工具栏中的"模型视图",如图 4-2 所示。

浏览到箱体零件.sldprt,打开。观察左侧的状态栏,不要选择"生成多视图",在标准视图中

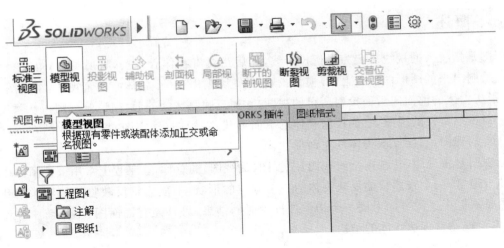

图 4-2

选择"前视图"（默认视图设置），检查显示样式为"消除隐藏线"，保证其他选项为默认设置。

（3）将指针移动到窗口区域，注意鼠标指针变为 ，同时会有矩形框随鼠标指针一起移动，将鼠标指针挪至图纸左上方，按下鼠标左键，如图 4-3 所示。

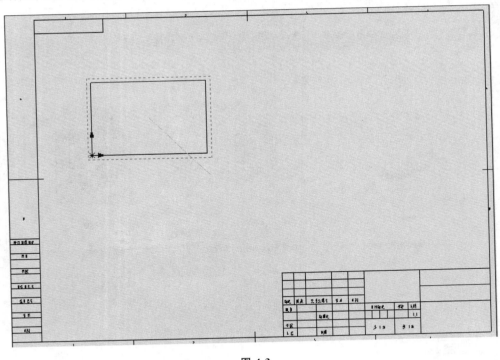

图 4-3

将鼠标指针向右拖动，生成第二个视图，如图 4-4 所示。

将鼠标指针移动至第一个视图，然后向下拖动，在合适的位置生成第三个视图，如图 4-5 所示。

将鼠标指针移动至第一个视图，随后向左上角拖动，图纸中会出现零件轴测图的预览。此时

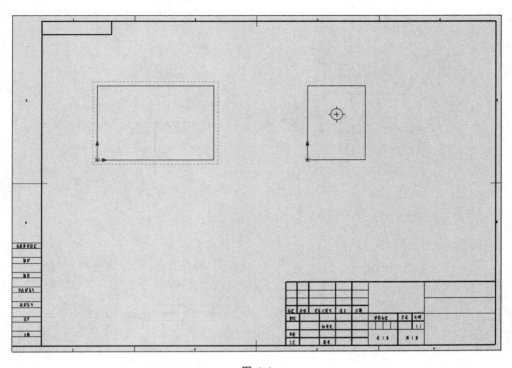

图 4-4

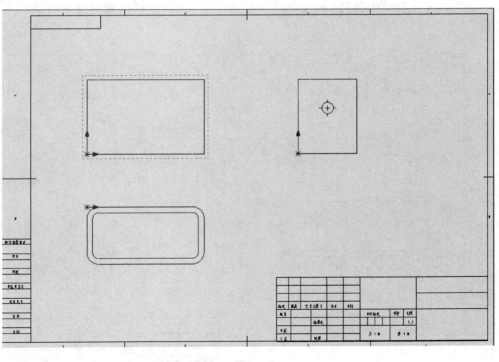

图 4-5

不要单击鼠标左键,因为轴测图的位置并不理想,我们需要将该视图放置在图纸的右下角。按住
Ctrl 键,不要松开,将轴测图拖拽至视图右下角,选择合适的位置放置轴测图,如图 4-6 所示。

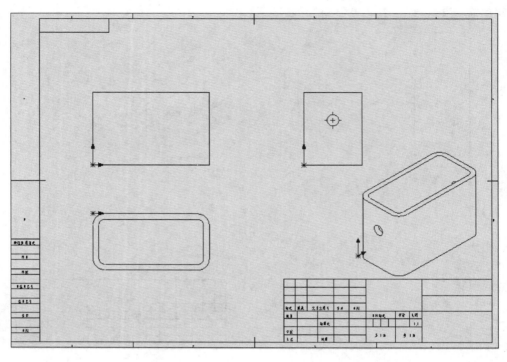

图 4-6

（4）单击刚才生成的轴测图，该视图处于被选中的状态时，视图周围会出现虚线框，如图 4-7 所示。

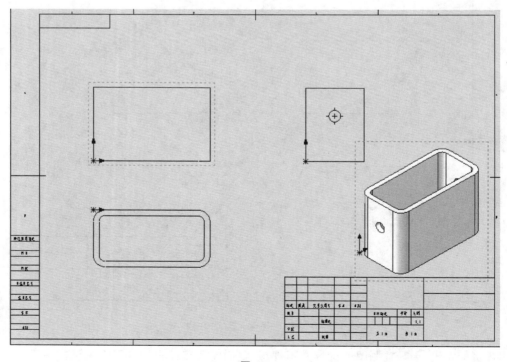

图 4-7

在左侧状态栏中,在显示样式下,选择第四个样式"带边线上色"。用鼠标单击选中某视图后,再按住鼠标左键不放,可以拖动视图,将视图拖拽至合适的位置,方便后续的尺寸标注。若按住 Shift 键拖动视图,可以使视图整体移动。

注意:根据国内大部分企业的应用实际,本书讨论的视图投影类型均为第一视角。如果要切换投影方向,可在视图空白处单击鼠标右键,选择"属性"命令;如果找不到该命令,可以单击"图纸"栏最下方的双箭头,如图 4-8 所示。

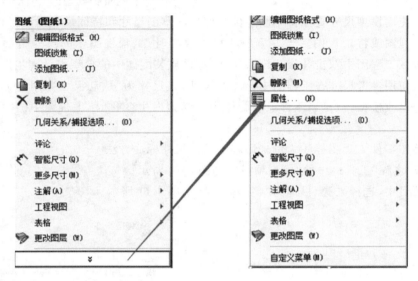

图 4-8

如果觉得用鼠标拖动视图的方式不够精确,可以尝试使用方向键来调整视图位置。单击工程视图 3,虚线框出现,代表已经选中,按方向键,调整视图至合适位置,如图 4-9 所示。

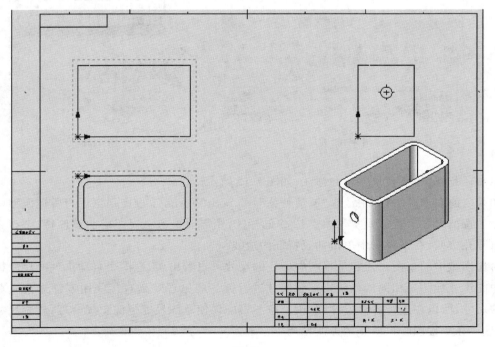

图 4-9

在图 4-9 所示图纸使用的模板中，默认的键盘移动增量为 10 mm，如果需要改变该数值，单击"工具"|"选项"|"系统选项"|"工程图"|"键盘移动增量"来改变该数值。

三、工程图尺寸标注

在 SolidWorks 中，工程图中各视图的尺寸是与模型关联的，零件或装配体模型中的尺寸变更会反映到工程图中。SolidWorks 工程图的尺寸标注有以下两种方法。

方法一　使用模型尺寸直接将绘制零件时使用的草图尺寸和特征尺寸插入工程图中，可以选择插入所有视图或特定视图。当模型中的尺寸改变时，工程视图中的尺寸也会同步发生变化。可以直接在工程图中双击并修改模型尺寸，零件或装配体中的模型也会同步发生更改。

方法二　使用参考尺寸在工程图中标注的尺寸，该尺寸为"从动尺寸"，用户无法通过修改"从动尺寸"来修改模型，但是当零件或装配体中的模型发生变化时，工程图中的"从动尺寸"也会同步修改。

下面以箱体零件工程图标注为例来讲解工程图尺寸标注方法。

（1）单击"注解"工具栏中的"模型项目"，如图 4-10 所示。

在模型项目中，选择来源/目标为"整个模型"，如图 4-11 所示。

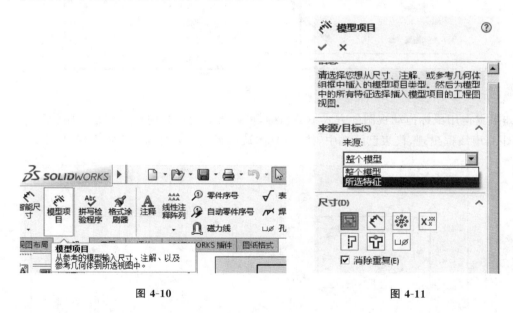

图 4-10　　　　　　　　　　　　　　　　图 4-11

单击任意视图，所有尺寸将会标注，如图 4-12 所示。

如果之前在来源/目标中选择"所选特征"，则 SolidWorks 工程图根据用户所选模型中的特征来标注特征尺寸。若需要实现图 4-12 中的标注，则需要单击主视图中的拉伸特征，在右视图中单击圆孔边线，在下视图中单击抽壳特征的边线。

对比模型中的草图尺寸和工程图中标注的尺寸可以看出，工程图中自动出现的尺寸标注和草图中的尺寸标注是相同的。使用模型尺寸进行标注的原理就是直接使用零件建模时草图和特征的尺寸，所以在进行零件设计时，用户应尽可能地使草图尺寸标注更加合理，放置尺寸尽量美观，这样在工程图时可以非常方便地调用。

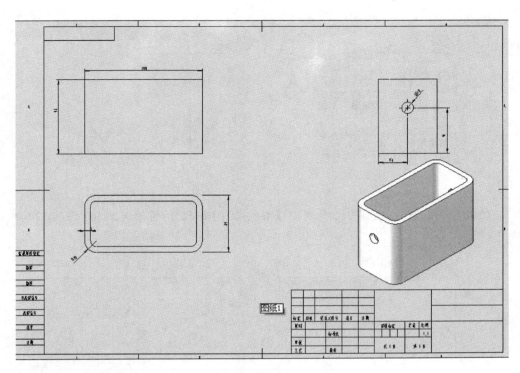

图 4-12

（2）由于在零件建模的过程中采用了抽壳命令，模型中内腔的深度尺寸无法直观地表达，所以要对视图做一些处理，以方便标注。

单击右视图，将右视图的显示样式改为隐藏线可见，如图 4-13 所示。

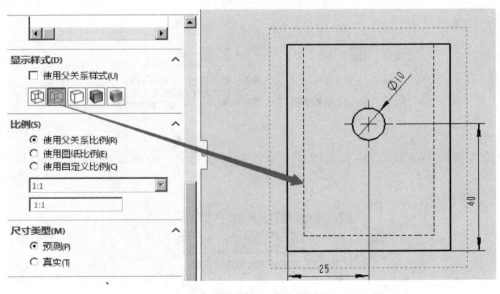

图 4-13

单击"注解"工具栏中的"智能尺寸"，标注内腔尺寸，如图 4-14 所示。

单击"保存"按钮，将工程图命名为"箱体.slddrw"。

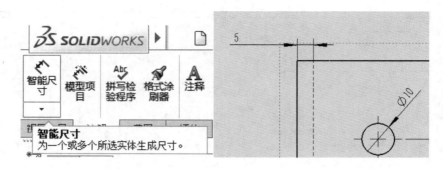

图 4-14

（3）如果需要修改模型项目的尺寸，可以双击主视图中的尺寸，将 100.00 mm 改为 110.00 mm，如图 4-15 所示。

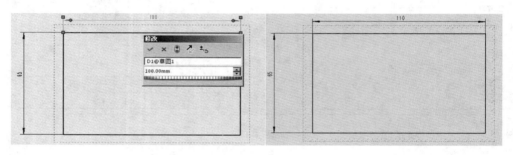

图 4-15

注意，图中的虚线框内出现了若干条斜线。SolidWorks 提示用户需要重建模型，模型重建后，工程视图才能正常显示。单击工具栏中的红绿灯符号 进行模型重建，如图 4-16 所示。视图中的斜线消失。

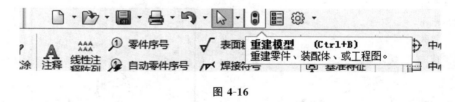

图 4-16

双击主视图中的尺寸，在弹出的尺寸修改对话框中，将 60 mm 改为 70 mm，如图 4-17 所示。

图 4-17

单击"重建模型",此时视图以 70 mm 的尺寸直接重建模型。

右键单击主视图,选择"打开零件",如图 4-18 所示。

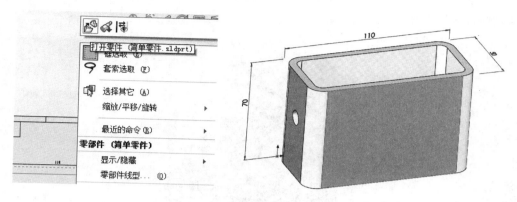

图 4-18

可以看到,修改工程图中模型项目的尺寸后,零件模型的特征尺寸也发生了变化。

双击零件的侧面,会弹出与该特征相关的尺寸。双击模型中的蓝色尺寸(凸台的拉伸高度),在弹出的尺寸修改对话框中,将 50 mm 改为 60 mm,并单击红绿灯符号重建模型。同时按下 Ctrl 键和 Tab 键,如图 4-19 所示,选择工程图文件。

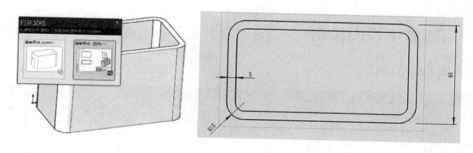

图 4-19

提示:组合键 Ctrl+Tab 是窗口切换键,用户可以使用该组合键方便地在工程图与模型或装配体之间实现窗口切换。

不要保存零件和工程图,单击"关闭"按钮,退出 SolidWorks。

◀ 任务 2　三通管工程图 ▶

【学习要点】

◇ 创建三通管标准三视图

◇ 工程图尺寸标注

◇ 工程图视图选择

一、三通管 3D 视图

三通管 3D 视图如图 4-20 所示。

图 4-20

二、三通管工程图绘制

（1）新建工程图，如图 4-21 所示。

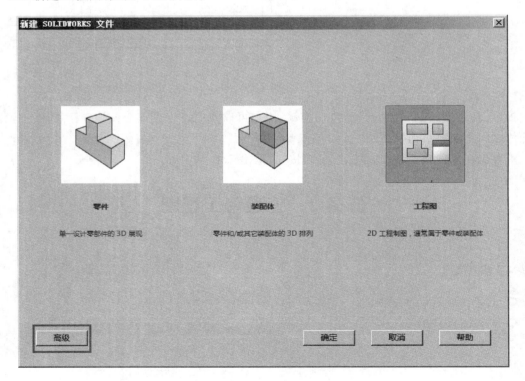

图 4-21

单击"高级"按钮,选择 gb_a3 号图纸,如图 4-22 所示。

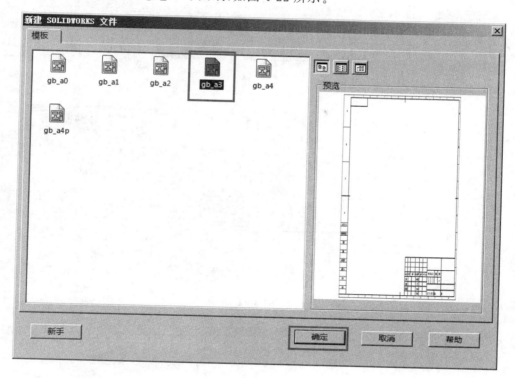

图 4-22

单击"确定"按钮,进入工程图绘制环境。

(2) 单击"视图调色板"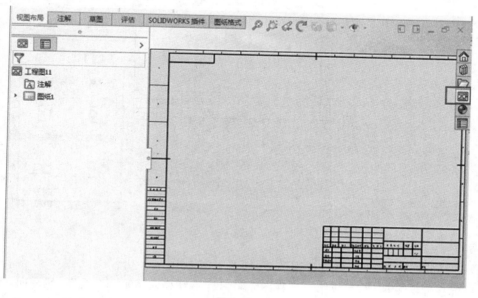,如图 4-23 所示。

图 4-23

单击"浏览以打开文件" […] ,找到三通管.SLDPRT 零件图,如图 4-24 所示。

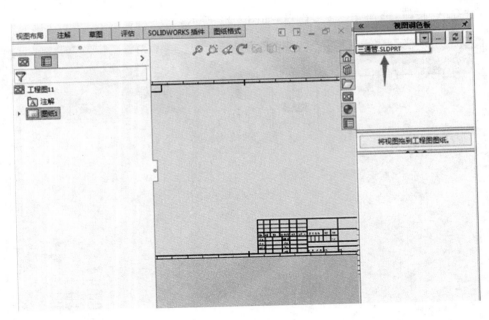

图 4-24

选中,单击"确定"按钮,在右下角将出现三通管的各个视图预览,如图 4-25 所示。

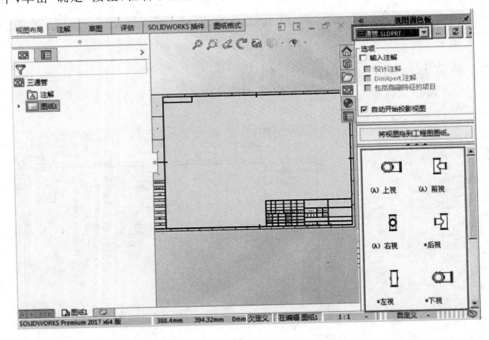

图 4-25

(3)选择前视图,将视图拖入工程图纸,如图 4-26 所示。

将鼠标指针向右拖动,生成第二个视图。将鼠标指针移动至第一个视图,然后向下拖动,在合适的位置生成第三个视图。将鼠标指针移动至第一个视图,然后将轴测图拖拽至视图右下角,选择合适的位置放置轴测图。完成标准三视图放置,如图 4-27 所示。

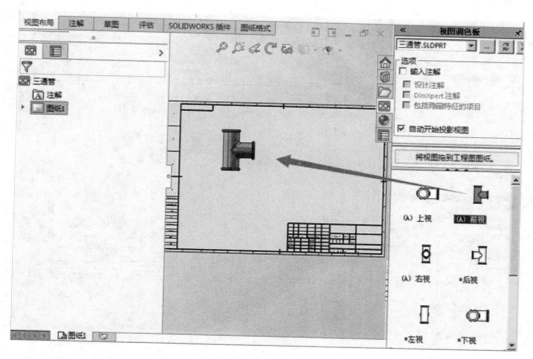

图 4-26

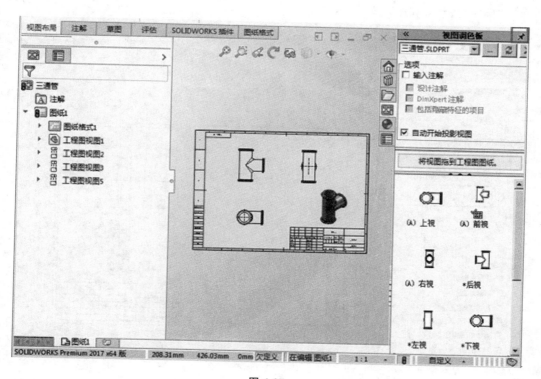

图 4-27

在"视图布局"中单击"剖面视图"，在切割线中选择"竖直"，如图 4-28 所示。

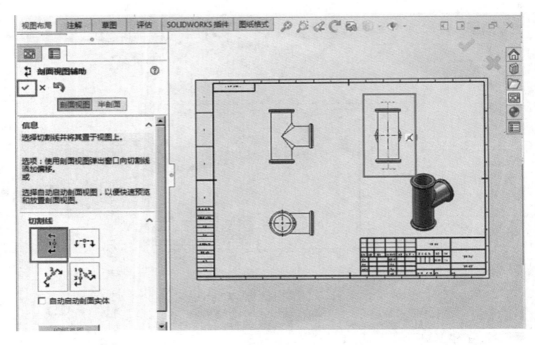

图 4-28

单击"确定"按钮，如图 4-29 所示。

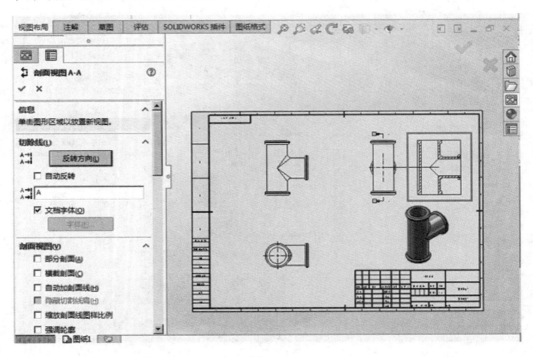

图 4-29

（4）选择"注解"，单击"模型项目"，来源"整个模型"，如图 4-30 所示，单击"确定"按钮。
框选全部视图，如图 4-31 所示。

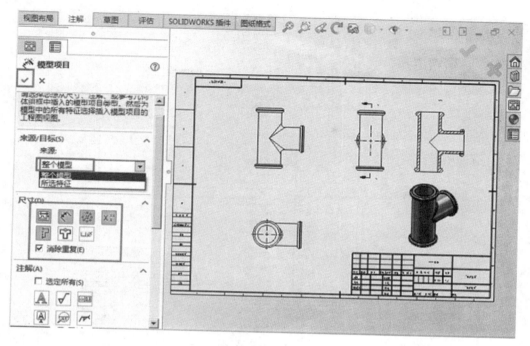

图 4-30

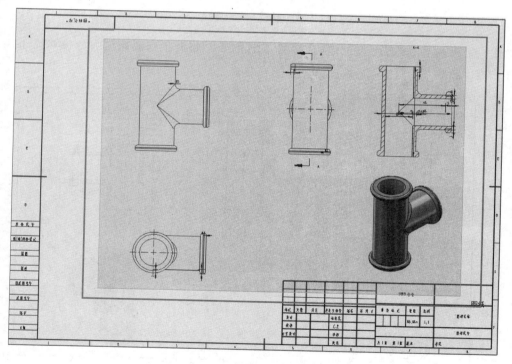

图 4-31

单击菜单栏中的"工具"|"对齐"|"自动排列"命令，如图 4-32 所示。

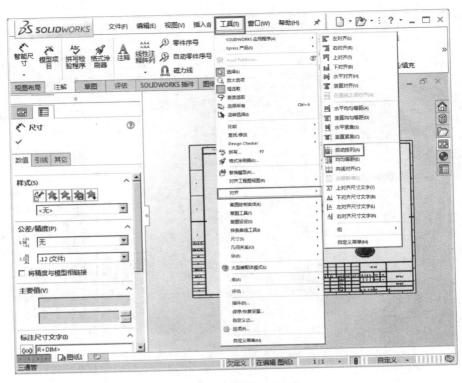

图 4-32

单击"确定"按钮,工程图设计完成,如图 4-33 所示。将此工程图命名为"三通管. slddrw",保存在指定文件夹中。

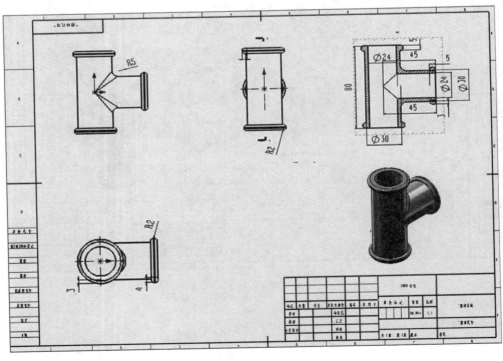

图 4-33

小结：

本任务分析了三通管的工程图，内容包括工程图新建、图纸选择、标准三视图生成、剖面视图生成、尺寸标注、尺寸位置调整等，较完整地展现了三通管从 3D 模型到 2D 工程视图的设计过程。

◀ 任务 3　小臂装配体工程图 ▶

一、小臂装配体 3D 视图

小臂装配体 3D 视图如图 4-34 所示。

二、小臂装配体工程图绘制

（1）单击"新建"SolidWorks 文件，选择"工程图"，单击"确定"按钮，新建一个工程图文件。

（2）单击"视图调色板"  单击"浏览以打开文件" ，找到小臂装配体.SLDASM 部件图，选择上视图，将视图拖入工程图纸中，如图 4-35 所示。

图 4-34

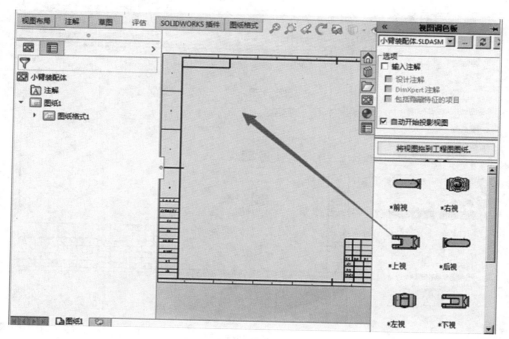

图 4-35

将鼠标指针向右拖动，生成第二个视图，如图 4-36 所示。

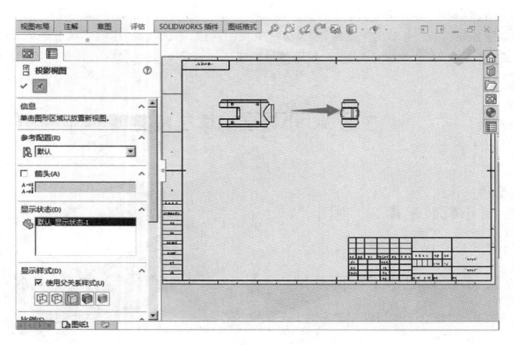

图 4-36

将鼠标指针移动至第一个视图,然后向下拖动,在合适的位置生成第三个视图,如图 4-37 所示。

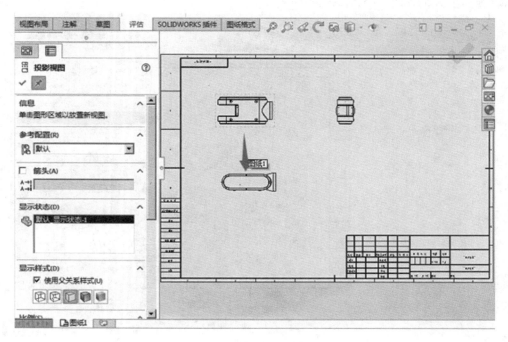

图 4-37

鼠标指针移动至第一个视图,然后将轴测图拖拽至视图右下角,选择合适的位置放置轴测图。完成标准三视图放置,如图 4-38 所示。

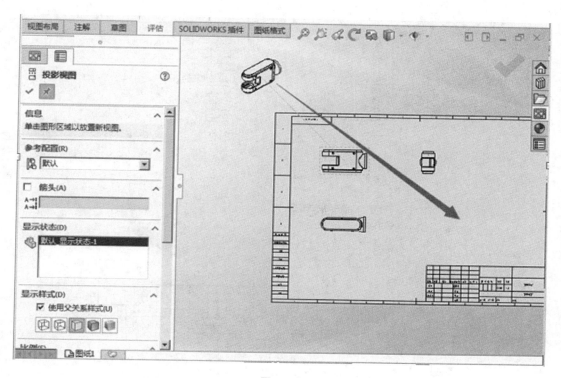

图 4-38

选择"注解",单击"模型项目",来源"整个模型",如图 4-39 所示,单击"确定"按钮。

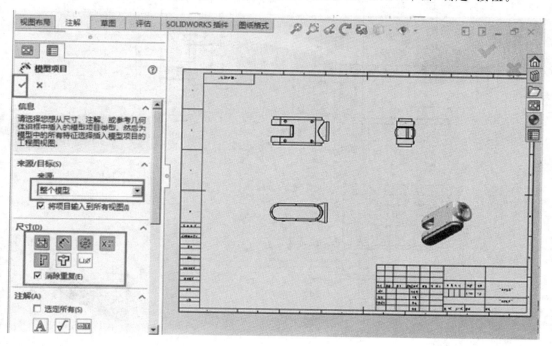

图 4-39

框选所有视图,选择"工具"|"对齐"|"自动排列"命令,单击"确定"按钮,如图 4-40 所示。

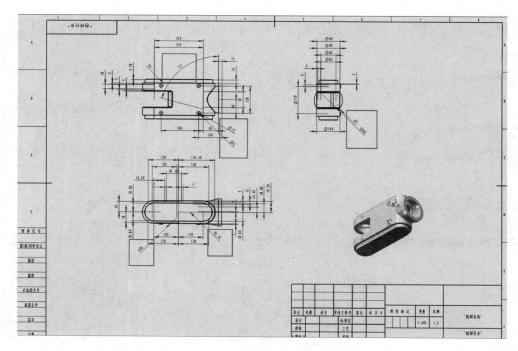

图 4-40

手动调整少量尺寸位置，如图 4-41 所示。

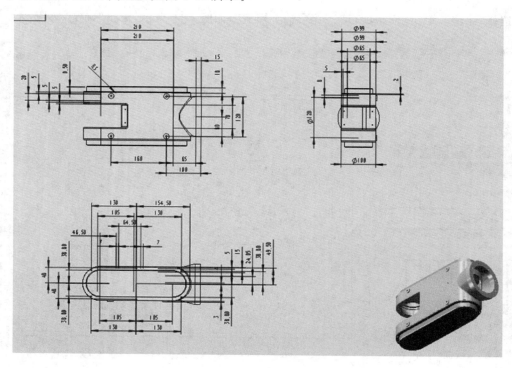

图 4-41

单击"保存"按钮，将此工程图命名为"小臂装配体-1. slddrw"，保存在指定文件夹中。

三、小臂装配体爆炸视图

（1）在 SolidWorks 菜单栏中，选择"文件"|"打开"命令，浏览到"小臂装配体.SLDASM"部件，单击"确定"按钮。

（2）选择"装配体"，单击"爆炸视图"，如图 4-42 所示。

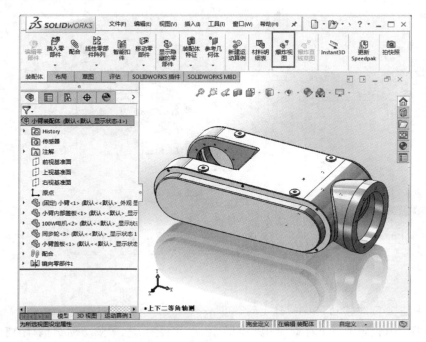

图 4-42

在爆炸视图中，爆炸步骤类型"常规爆炸"，设定"小臂盖板-2@小臂装配体"，爆炸方向 Z 向，距离 0.00 mm，如图 4-43 所示。

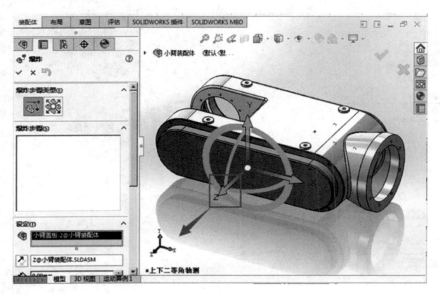

图 4-43

拖动箭头往 Z 正向移动,单击"确定"按钮。

在爆炸视图中,设定第二个对象"小臂盖板-1@小臂装配体",爆炸方向 Z 向,距离 0.00 mm,如图 4-44 所示。

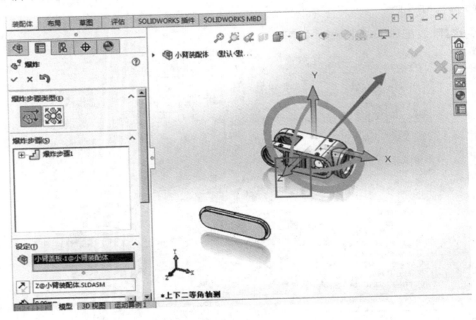

图 4-44

拖动箭头往 Z 负向移动,单击"确定"按钮。

在爆炸视图中,设定第三个对象"100W 电机-2@小臂装配体",爆炸方向 Z 向,距离 0.00 mm,如图 4-45 所示。

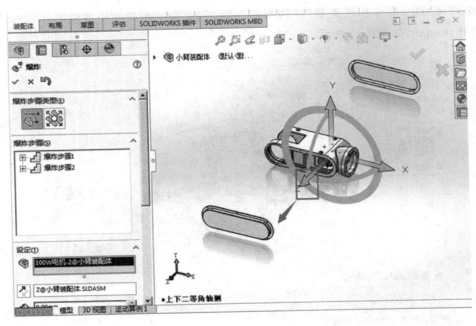

图 4-45

拖动箭头往 Z 正向移动,单击"确定"按钮。

在爆炸视图中,设定第四个对象"同步轮-3@小臂装配体",爆炸方向 Z 向,距离 0.00 mm,如图 4-46 所示。

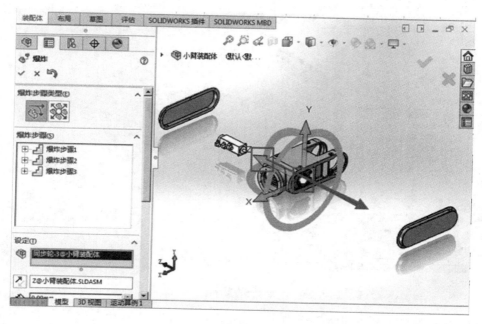

图 4-46

拖动箭头往 Z 负向移动,单击"确定"按钮。

在爆炸视图中,设定第五个对象"小臂内部盖板-1 @小臂装配体",爆炸方向 Z 向,距离 0.00 mm,如图 4-47 所示。

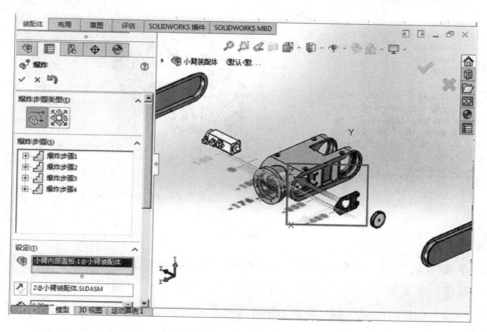

图 4-47

拖动箭头往 Z 负向移动,单击"确定"按钮,如图 4-48 所示。

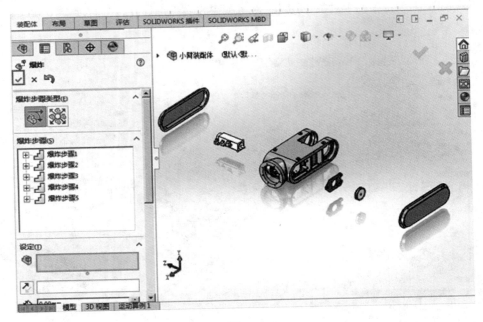

图 4-48

右击,选择"解除爆炸",如图 4-49 所示。

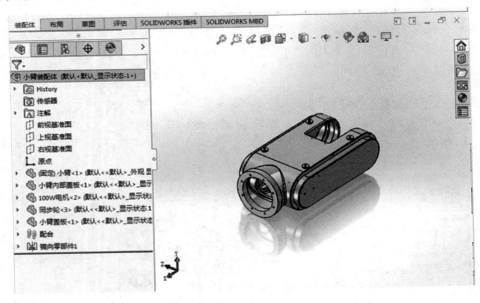

图 4-49

(3) 单击"保存"按钮,将其命名为小臂装配体.sldasm,保存在指定文件夹中。

(4) 新建一个工程图文件,命名为小臂装配体-2.slddrw,单击"确定"按钮。

(5) 单击"视图调色板" ，单击"浏览以打开文件" ，找到之前保存的小臂装配体

.sldasm 文件,在右下角视图预览框中,选择"爆炸等轴测",将视图拖入工程图纸,如图 4-50 所示。

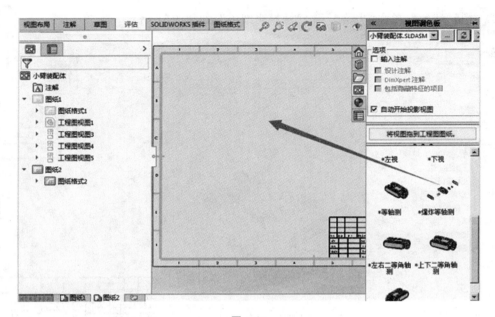

图 4-50

在工程图视图中,显示状态"默认_显示状态-1",显示样式"带边线上色",如图 4-51 所示,单击"确定"按钮。

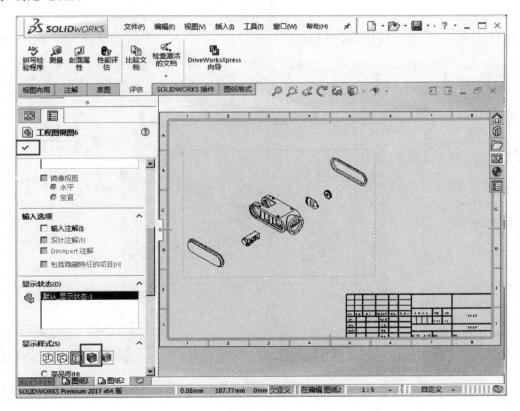

图 4-51

（6）选择"注解"，单击"表格" ⊞ |"材料明细表"，如图 4-52 所示。

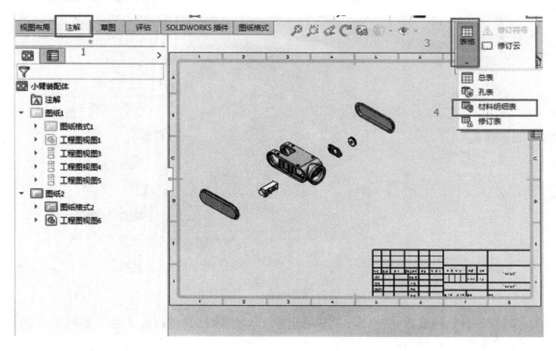

图 4-52

在"材料明细表"中，类型设为"仅限零件"，如图 4-53 所示。

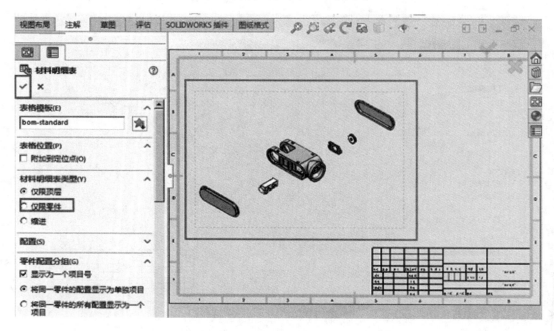

图 4-53

单击"确定"按钮，生成零件明细表，如图 4-54 所示。

（7）选择"注解"，单击"自动零件序号"，项目号起始于"1"，增量"1"，如图 4-55 所示。

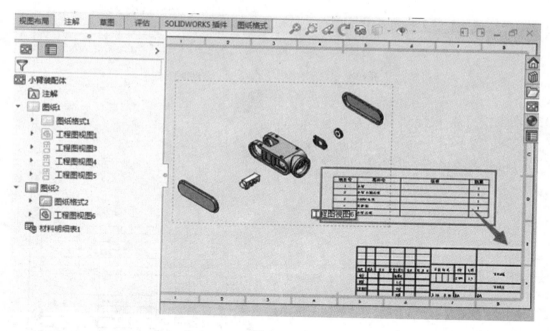

图 4-54

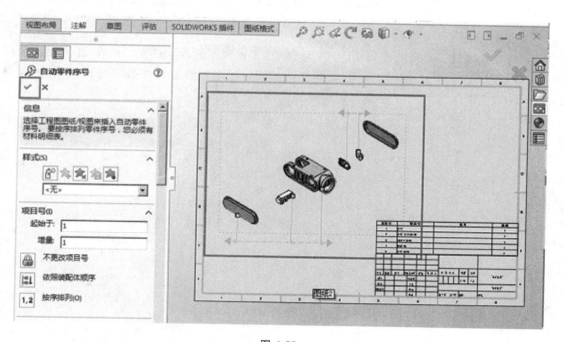

图 4-55

单击"确定"按钮,爆炸视图工程图设计完成,如图 4-56 所示。

单击"保存"按钮,将其命名为小臂装配体-2. slddrw,保存在指定文件夹中。

小结:

本任务分析了工业机器人小臂装配体的 2D 工程视图与爆炸视图,内容包括标准三视图生成、尺寸标注、尺寸位置调整、爆炸视图创建、爆炸视图生成、零件材料明细表生成、爆炸视图标

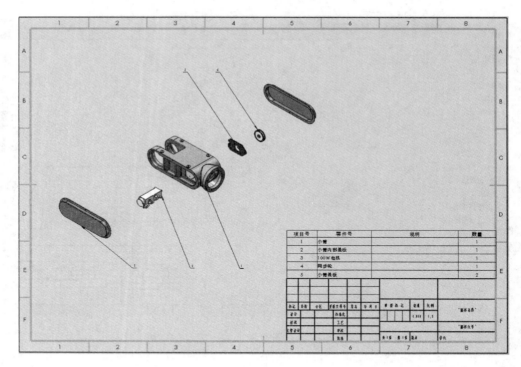

图 4-56

注等,较完整地展现了小臂装配体从 3D 模型到 2D 工程视图的设计过程。此外,还突出了装配体与零件图在 2D 工程视图中的不同,爆炸视图能较好地表达装配体中各零件之间的关系,爆炸视图 2D 工程图在实际生产中具有较广泛的应用。

SolidWorks 仿真

SolidWorks Simulation 是一款基于有限元(即 FEA 数值)技术的设计分析软件,是一个与 SolidWorks 完全集成的设计分析系统。SolidWorks Simulation 提供了设计与仿真一体化功能,实现了在同一软件界面下从 CAD 到 CAM 的无缝切换,可以进行应力分析、频率分析、扭曲分析、热分析和优化分析。

当使用有限元工作时,FEA 求解器将把单个单元的简单解综合成对整个模型的近似解来得到期望的结果(如变形或应力)。应用 FEA 软件分析问题时,有以下三个基本步骤。

(1)预处理:定义分析类型,添加材料属性,施加载荷和约束,划分网格。

(2)求解:计算所需结果。

(3)后处理:分析结果。

◀ 任务 1　小臂零件图仿真 ▶

【学习要点】

❖ 了解 SolidWorks Simulation 软件

❖ 使用 SolidWorks Simulation 对小臂零件进行仿真

❖ 对小臂零件仿真结果进行分析,提出设计改进建议

一、SolidWorks Simulation 分析思路

以工业机器人小臂零件图为对象,如图 5-1 所示,使用 SolidWorks Simulation 进行分析,步骤如下:

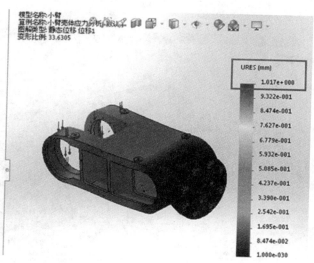

图 5-1

（1）建立数学模型；

（2）建立有限元模型；

（3）求解有限元模型；

（4）结果分析。

二、SolidWorks Simulation 分析过程

（1）启动 SolidWorks 软件，在指定文件夹中打开"小臂.sldprt"文件。

单击"SOLIDWORKS 插件"，选择"SOLIDWORKS Simulation"，Simulation 模块会加载进来，如图 5-2 所示。

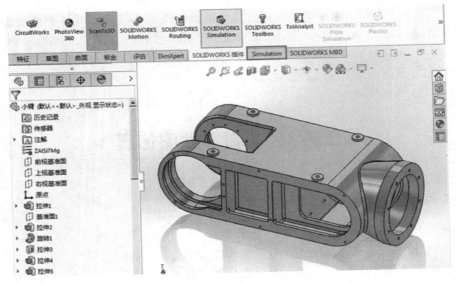

图 5-2

（2）对此模型进行应力分析，单击"算例顾问"下面的三角符号，单击"新算例"，创建分析环境，如图 5-3 所示。

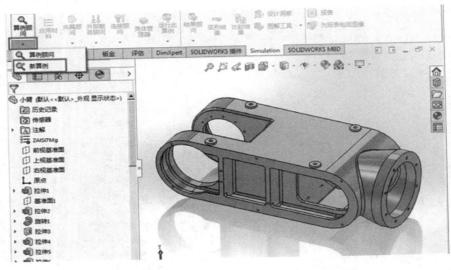

图 5-3

（3）给此算例创建分析名称"小臂壳体应力分析"，如图 5-4 所示。

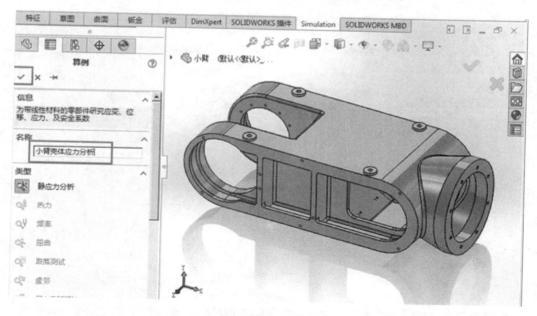

图 5-4

分析环境已经创建完成，系统自动给出需要的设计步骤，如图 5-5 所示。

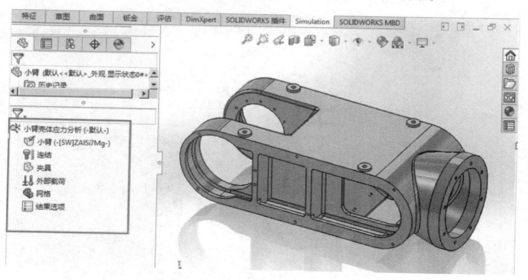

图 5-5

（4）在"设计树" 中右击"小臂"，选择"应用/编辑材料"，给模型指定材料，如图 5-6 所示。

单击模型"小臂"对应的材料"ZAlSi7Mg"，单击"应用"按钮，单击"关闭"按钮，如图 5-7 所示。

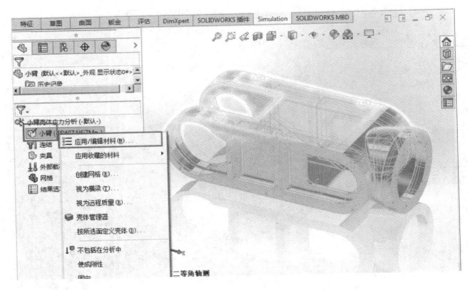

图 5-6

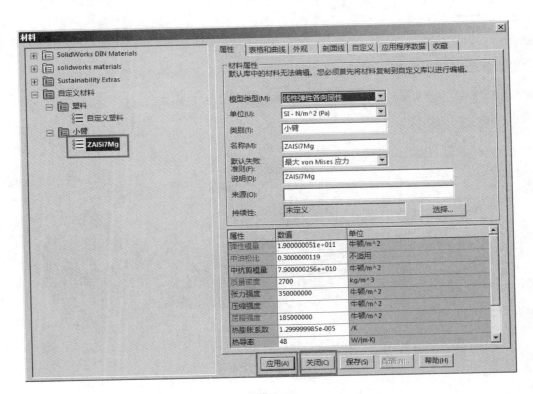

图 5-7

（5）在"设计树"中右击"夹具"，选择"固定几何体"，如图 5-8 所示。

（6）选中模型中全部的螺纹孔，如图 5-9 所示，单击"确定"按钮。

（7）在"设计树"中右击"外部载荷"，选择"力"，如图 5-10 所示。

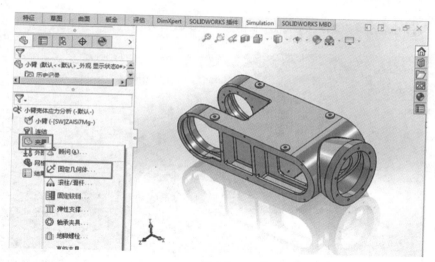

图 5-8

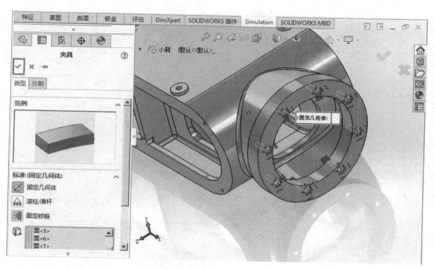

图 5-9

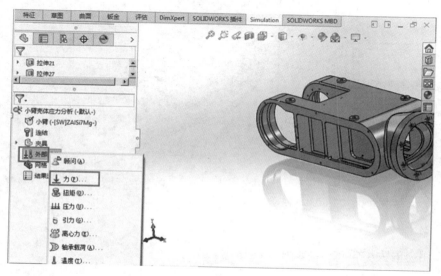

图 5-10

在"属性"▤中,选定添加力的条件,类型"力",选定的方向"上视基准面",如图 5-11 所示。

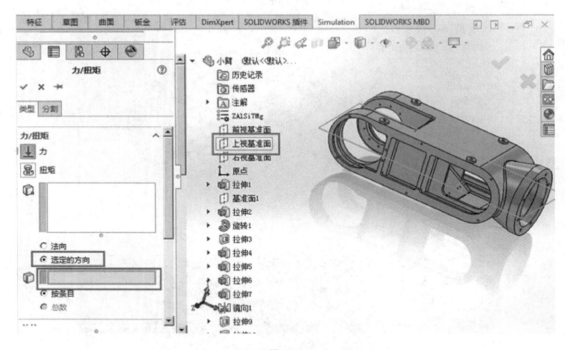

图 5-11

添加作用力的面,如图 5-12 所示。

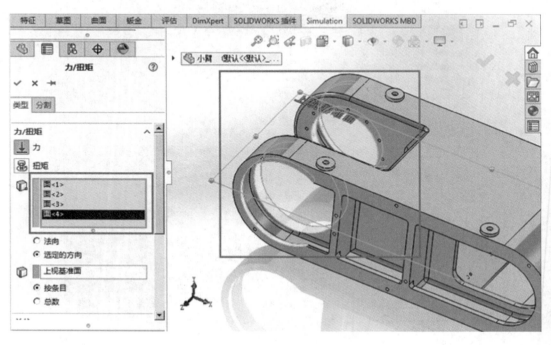

图 5-12

添加作用力的大小 3000 N,如图 5-13 所示。

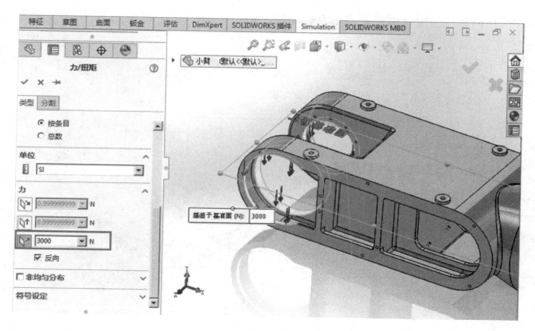

图 5-13

（8）在"设计树"中右击"网格"，选择"应用网格控制"，如图 5-14 所示。

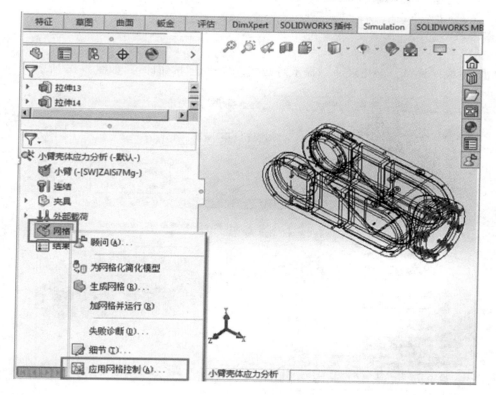

图 5-14

　　在应用网格控制窗口中设置网格参数，单位"mm"，大小"3.50mm"，比率"1.5"，如图 5-15 所示。

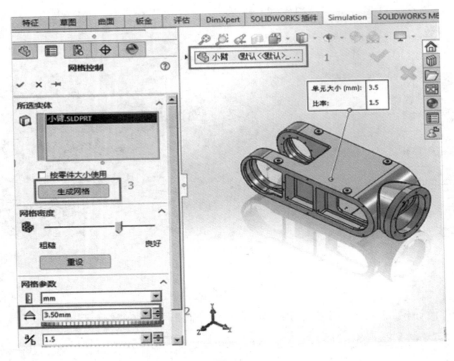

图 5-15

　　单击"生成网格"后，会出现一个提示对话框，单击"是"按钮即可，如图 5-16 所示。

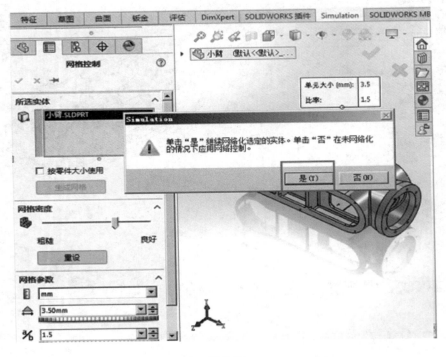

图 5-16

（9）系统自动划分网格，如图 5-17 所示。有时网格会划分失败，失败时可以尝试简化模型或增加网格密度。

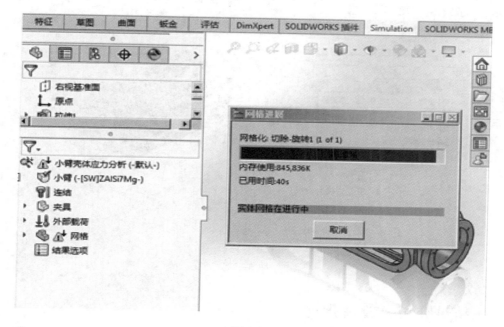

图 5-17

网格划分已经完成，如图 5-18 所示。

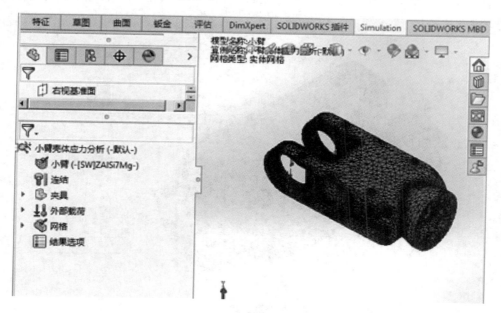

图 5-18

（10）所有条件都添加完成后，在"设计树"中，右击"小臂壳体应力分析"算例名称，选择"运行"即可，如图 5-19 所示。

图 5-19

三、结果分析及改进建议

系统运算结束后,结果会以彩色视图及数据的形式显示出来。

如图 5-20 所示的应力分析,图中屈服力 1.850×10^8 Pa(N/m^2),零件图上应力高于屈服力的位置都是不安全的。

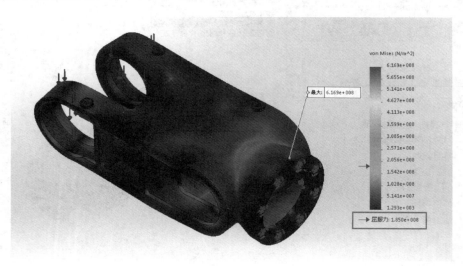

图 5-20

很显然,小臂的颈部最大应力达到 6.169×10^8 Pa,此外可能存在应力集中现象,设计人员需要修改局部细节,例如可以加大圆角、变更相关尺寸等,优化产品设计。

如图 5-21 所示,在 3000 N 力的作用下,此零件的最大位移为 1 mm 左右。

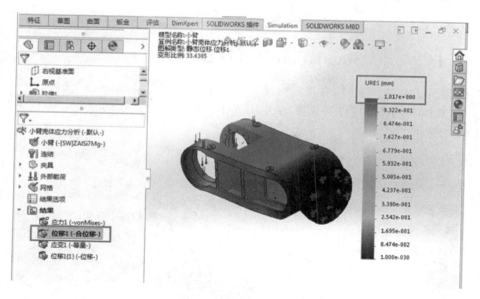

图 5-21

位移体现了零件在外力作用下的变形程度,设计人员应根据设计的具体要求进行判断。

◀ 任务 2　小臂装配体仿真 ▶

一、SolidWorks Simulation 分析思路

以工业机器人小臂装配体为对象,如图 5-22 所示,使用 SolidWorks Simulation 进行分析,步骤如下:

图 5-22

(1)建立数学模型;

(2)建立有限元模型;

(3)求解有限元模型;

（4）结果分析。

二、SolidWorks Simulation 分析过程

（1）启动 SolidWorks 软件，在指定文件夹中打开"小臂装配体．sldasm"文件。

单击"SOLIDWORKS 插件"，选择"SOLIDWORKS Simulation"，Simulation 模块会加载进来，如图 5-23 所示。

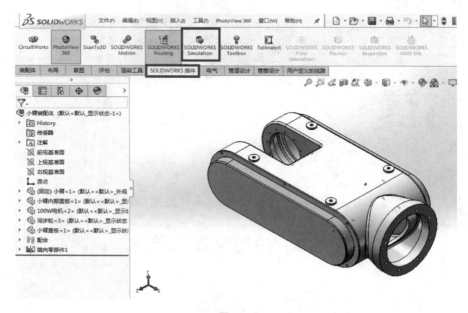

图 5-23

（2）对此模型进行应力分析，单击"算例顾问"下面的三角符号，单击"新算例"，创建分析环境，如图 5-24 所示。

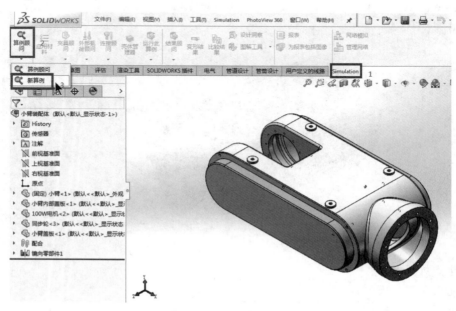

图 5-24

（3）给此算例创建分析名称"装配体应力分析"，如图 5-25 所示。

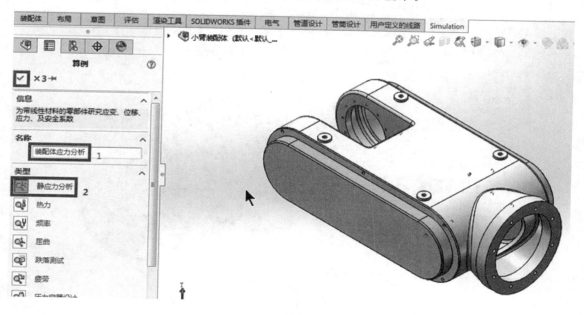

图 5-25

分析环境已经创建完成，系统自动给出需要的设计步骤，如图 5-26 所示。

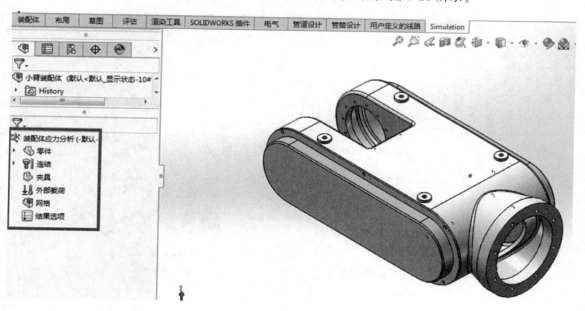

图 5-26

（4）在"设计树" 中右击"小臂"，选择"应用/编辑材料"，给模型指定材料，如图 5-27 所示。此处只给出小臂零件指定材料的过程，装配体中其他的零件也照此步骤指定材料。

（5）单击模型"小臂"对应的材料"ZAlSi7Mg"，单击"应用"按钮，单击"关闭"按钮，如图 5-28 所示。

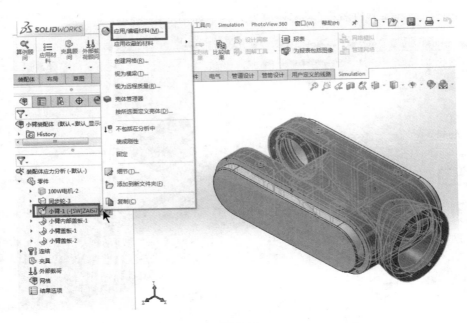

图 5-27

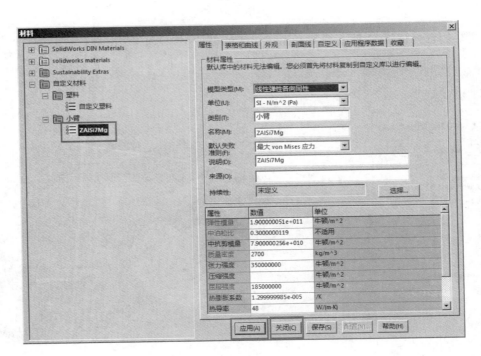

图 5-28

（6）在"设计树"中右击"夹具"，选择"固定几何体"，如图 5-29 所示。

再选中模型中全部的螺纹孔，如图 5-30 所示，单击"确定"按钮。

（7）在"设计树"中右击"外部载荷"，选择"力"，添加外部载荷。（隐藏小臂内部盖板 1 和 2。）

在"属性" 中，选定添加力的条件，选定类型"力"，选定的方向"上视基准面"，如图 5-31 所示。

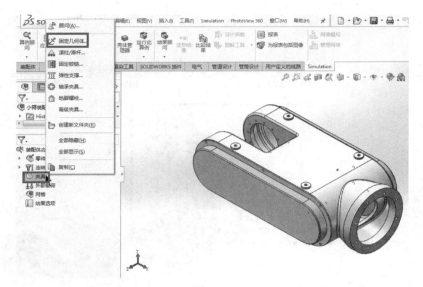

图 5-29

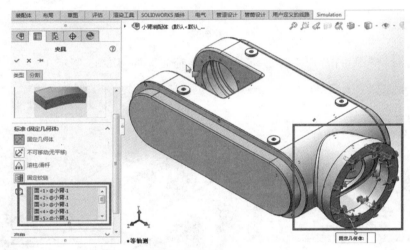

图 5-30

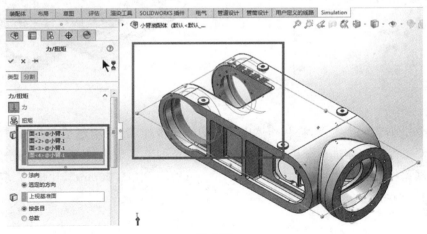

图 5-31

添加作用力的面（四个面，高亮显示），如图 5-32 所示。添加作用力的大小 3000 N，如图 5-32 所示。

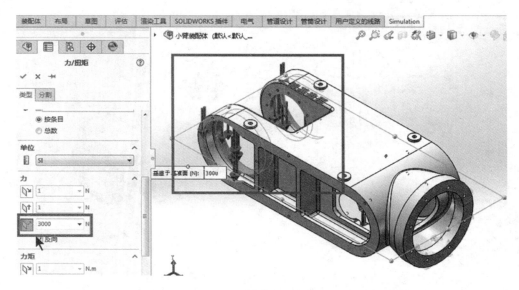

图 5-32

（8）在"设计树"中右击"网格"，选择"应用网格控制"，如图 5-33 所示。

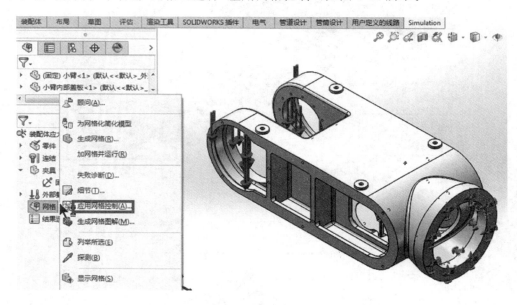

图 5-33

此处只分析小臂这个零件，将装配体中其他的零部件压缩掉（不包括在分析中），如图 5-34 所示。若是对整个装配体进行分析，将需要设定更复杂的夹具条件，计算时间也比较长。

在应用网格控制窗口中设置网格参数，单位"mm"，大小"7.00mm"，比率"1.5"，参数越小计算用时越长，如图 5-35 所示。

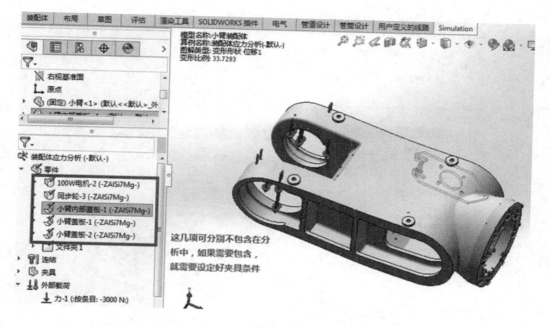

图 5-34

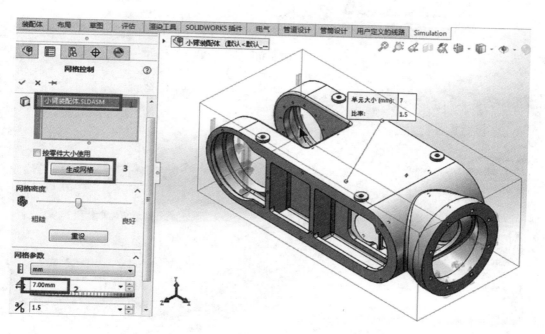

图 5-35

（9）单击"生成网格"后，会出现一个提示对话框，单击"是"按钮即可，如图 5-36 所示。

系统自动划分网格，如图 5-37 所示。有时网格会划分失败，失败时可以尝试简化模型或增加网格密度。

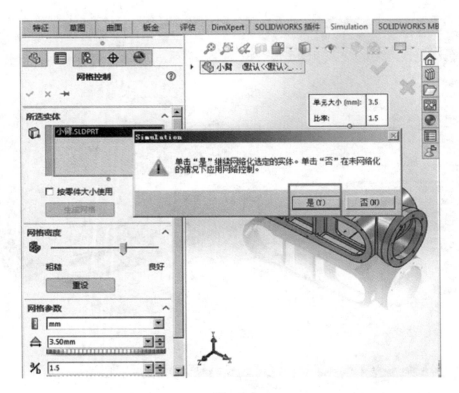

图 5-36

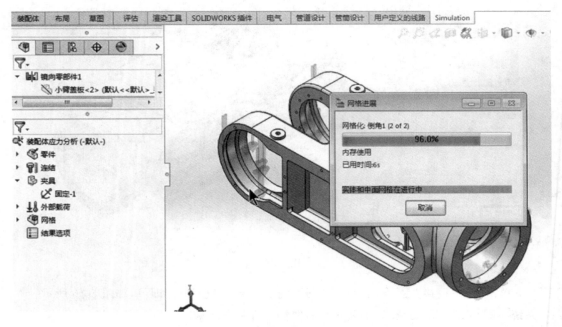

图 5-37

网格划分已经完成,如图 5-38 所示。

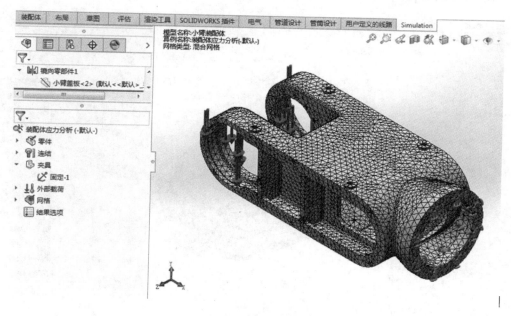

图 5-38

（10）所有条件都添加完成后,在"设计树"中,右击"装配体应力分析"算例名称,选择"运行"即可,如图 5-39 所示。

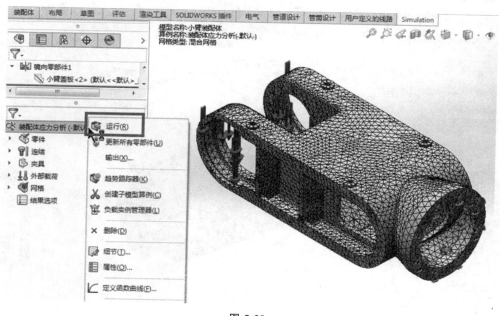

图 5-39

三、结果分析及改进建议

系统运算结束后,结果会以彩色视图及数据的形式显示出来。如图 5-40 所示,图中屈服力

1.850×10^8 N/m^2,零件图上应力高于屈服力的位置都是不安全的。

图 5-40

物体由于外因(受力、湿度、温度变化等)而变形时,在物体内各部分之间产生相互作用的内力,单位面积上的内力称为应力。很显然,小臂的颈部最大应力达到 6.169×10^8 Pa,此外可能存在应力集中现象,设计人员需要修改局部细节,例如,可以加大圆角、变更相关尺寸等以优化产品设计。

在 3000 N 力的作用下,受力部分的最大位移如图 5-41 所示。

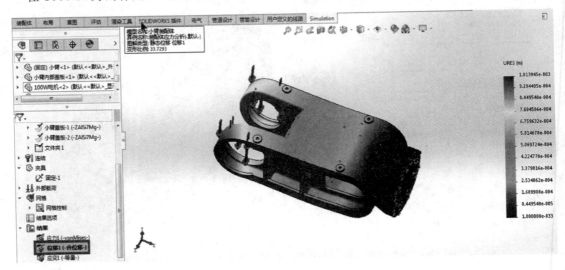

图 5-41

位移体现的是物体位置的变化,设计人员应根据设计的具体要求进行判断。在 3000 N 力的作用下,应变如图 5-42 所示。

应变体现的是物体在外力作用下变形的程度,设计人员应根据设计的具体要求进行判断。

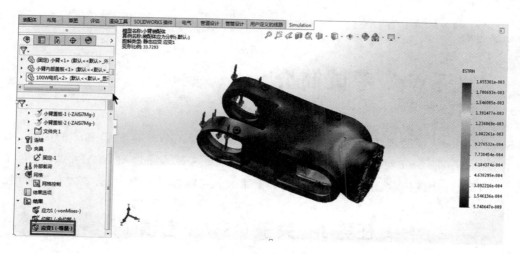

图 5-42

項目 6

CSWA 考试简介

SolidWorks 认证助理工程师即 CSWA，是 certified SolidWorks associate 的简写，CSWA 是美国 SolidWorks 公司对全球各类学校学生的官方认证考试。通过 CSWA 考试，学生可证明自己在 3D CAD 建模技术、工程原理应用以及全球工业实践方面的能力，其效力全球通用。

◀ 任务 1　关于 CSWA 考试 ▶

CSWA 考试在题目类型和考试模式方面有其特殊性，为了提高成功率，建议考生：

（1）参加考点举办的考前培训班，系统学习 SolidWorks 软件操作，了解 CSWA 考试的相关题型和操作技巧。

（2）参照 SolidWorks 指导教程，加强案例练习。

1．参加 CSWA 考试的条件

（1）一台计算机并且已连接到 Internet。

（2）建议使用双显示器，但不是必需的。

（3）如果运行 Virtual Tester 客户端的计算机与运行 SolidWorks 的计算机不同，请确保可以在两台计算机之间传输文件。

在实际考试中，某些问题必须下载 SolidWorks 文件才可正确回答。

2．CSWA 考试登录方式

从 www.virtualtester.com 下载考试客户端程序 TesterPRO Client，这个工作由教师完成。

在桌面上建立一个文件夹并将其命名为用户的姓名，将考试客户端程序 TesterPRO Client 移至该文件夹中（CSWA 考试过程中所生成的所有文件必须存放在该文件夹中），这个工作由监考老师确认。

运行该客户端程序 TesterPRO Client，并选择考试客户端程序语言，如图 6-1 所示。我国的学生建议选择汉语，这个由学生完成。

在图 6-2 所示的对话框中填写考生信息，注意采用英文或者拼音填写，不能使用汉字。采用汉字填写信息的考生将无法获得成绩。注意仔细填写姓名和电邮，完成后单击"开始考试"按钮。

对于补考的考生，一定在此页面中选择第一项，并输入上次考试的 E-mail 和密码。如果选择第二项，将视为重考，会全额收取考试费用。

该登录名、电邮地址是您在 www.virtualtester.com 考试系统中的唯一账号，应当妥善保存登录名、电邮地址（E-mail）和密码。

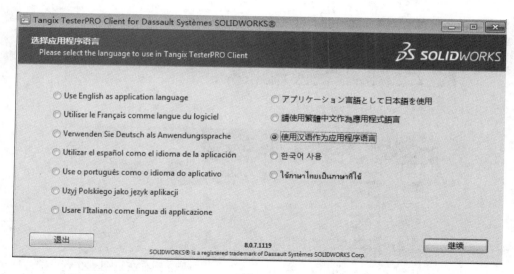

图 6-1

图 6-2

3. CSWA 考试过程

输入考试 ID,然后单击"继续"按钮,开始下载考试信息和考题,进入考试,如图 6-3 所示。考试 ID 由监考老师提供。

进入考试系统后,依次出现考题。可以选择"下一题"和"前一题"来切换考题,如图 6-4 所示。题目包括理论题和建模题,对于建模题,需切换到 SolidWorks 窗口,完成建模步骤后再进行选择。比较快的切换方法是按住 Alt 键后再按 Tab 键逐次切换程序。建模题目都采用立体视角展示,只标注尺寸,而没有标注几何关系。因此,如果出现草图没有完全定义的情况,一定要仔细观察模型,设定必要的几何约束关系。在答题时可以随时查询 SolidWorks 帮助文件。

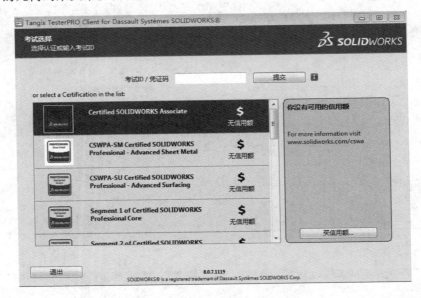

图 6-3

图 6-4

做完最后一题后,出现图 6-5 所示的对话框,其中说明了各题的分值和完成情况。双击考题会进入考题页面,可重新调整考题答案。单击"结束考试"按钮,将完成考试。

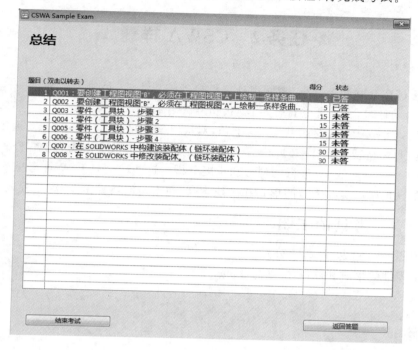

图 6-5

CSAW 考试结果页面如图 6-6 所示,有总分数、考生得分、考试通过分数、擅长主题、应学习的主题等内容。

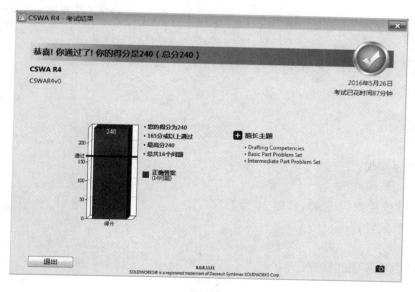

图 6-6

结束考试后,考点监考教师须将桌面上建立的 CSWA 考试文件夹备份并彻底清除所有与考试相关的内容。

通过考试的考生,系统会在一个工作日内发放电子证书。纸版证书将在一个月内发放。考生还可以通过登录 https://www.virtualtester.com/SolidWorkss/user.php 下载自己的电子证书。

◀ 任务2　CSWA 样题 ▶

CSWA 考试在互联网上进行,考题由计算机自动随机生成,每位考生都不一样。考试时间为 180 分钟,自动计时,自动评卷打分,当场获知考试结果。

2011 年后,CSWA 考试卷面共 14 道小题,对应 3 道理论题(1~3 题)、2 道零件题(4~7 题、12~14 题)和 2 道装配题(8~11 题)。考试总分 240 分,考试及格线为 165 分。

下面以 CSWA 样题为例,进行题型号和难度分析。这些试题是 CSWA 考试中预计会出现的示例。样题只是展示实际考试的形式和大致难度,而不是泄露整个 CSWA 考试。

一、CSWA 考试的主题

(1)绘图能力(3 道题,每题 5 分)。

(2)基本零件的生成和修改(2 道题,每题 15 分):

草图绘制;

拉伸凸台;

拉伸切除;

主要尺寸的修改。

(3)中间零件的生成和修改(2 道题,每题 15 分):

草图绘制;

旋转凸台;

拉伸切除;

圆周阵列。

(4)高级零件的生成和修改(3 道题,每题 15 分):

草图绘制;

草图等距;

拉伸凸台;

拉伸切除;

主要尺寸的修改;

比较难的几何体修改。

(5)装配体的生成(4 道题,每题 30 分):

基本零件的放置;

配合;

装配体中主要参数的修改。

二、CSWA 样题

样题总数:8 题。

总分:130 分。

（一）绘图能力

（1）要生成工程视图"B"，必须在工程视图"A"中绘制样条曲线草图（见图 6-7）并插入何种 SOLIDWORKS 视图类型？

A. 剖面　　　　　　B. 剪裁　　　　　　C. 投影　　　　　　D. 局部视图

（2）要生成工程视图"B"，必须在工程视图"A"中绘制样条曲线草图（见图 6-8）并插入何种 SOLIDWORKS 视图类型？

A. 旋转剖视图　　　B. 局部视图　　　　C. 断开的剖视图　　D. 剖面

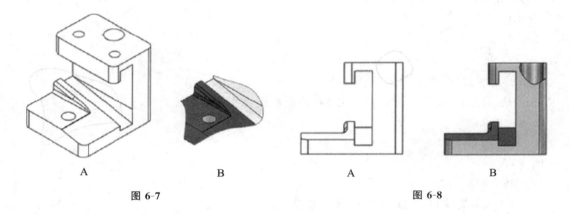

A	B	A	B
图 6-7		图 6-8	

（二）零件建模

以下图像用于回答第（3）、（4）题，如图 6-9 所示。

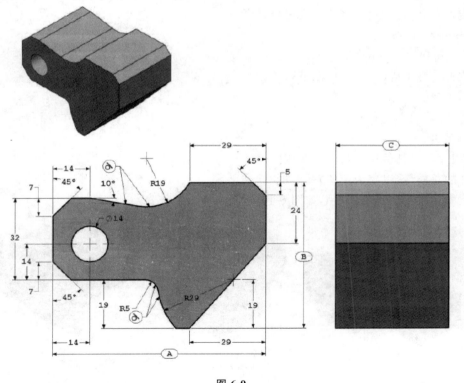

图 6-9

（3）零件（工具块）——步骤 1：在 SOLIDWORKS 中构建此零件。（每答完一题便将零件保存到不同的文件中，以便检查之用。）

单位制：MMGS（毫米、克、秒）。

小数位数：2。

零件原点：任意。

除非另有显示，否则所有孔均为完全贯穿。

材料：AISI 1020 钢。

密度 $= 0.0079 \ \text{g/mm}^3$。

$A = 81.00$。

$B = 57.00$。

$C = 43.00$。

零件的总质量（以克为单位）是多少？

提示：如果没有选项在答案的 1% 以内，请重新检查实体模型。

A. 1028.33

B. 118.93

C. 577.64

D. 939.54

（4）零件（工具块）——步骤 2：在 SOLIDWORKS 中修改零件。

单位制：MMGS（毫米、克、秒）。

小数位数：2。

零件原点：任意。

除非另有显示，否则所有孔均为完全贯穿。

材料：AISI 1020 钢。

密度 $= 0.0079 \ \text{g/mm}^3$。

修改上一题生成的零件，更改下列参数：

$A = 84.00$

$B = 59.00$

$C = 45.00$

注：假设所有其他尺寸与上一题相同。

零件的总质量（以克为单位）是多少？

以下图像用于回答第（5）题，如图 6-10 所示。

图 6-10

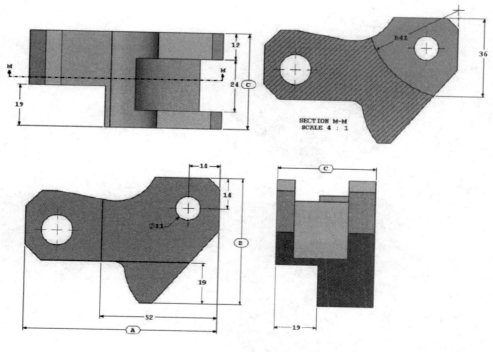

图 6-10（续）

（5）零件（工具块）——步骤 3：在 SOLIDWORKS 中修改此零件。

单位制：MMGS（毫米、克、秒）。

小数位数：2。

零件原点：任意。

除非另有显示，否则所有孔均为完全贯穿。

材料：AISI 1020 钢。

密度＝0.0079 g/mm³。

修改上一题生成的零件，删除材料并更改下列参数：

A＝86.00

B＝58.00

C＝44.00

零件的总质量（以克为单位）是多少？

以下图像用于回答第（6）题，如图 6-11 所示。

（6）零件（工具块）——步骤 4：在 SOLIDWORKS 中修改此零件。

单位制：MMGS（毫米、克、秒）。

小数位数：2。

零件原点：任意。

除非另有显示，否则所有孔均为完全贯穿。

材料：AISI 1020 钢。

密度＝0.0079 g/mm³。

修改上一题生成的零件，加入下列容套：

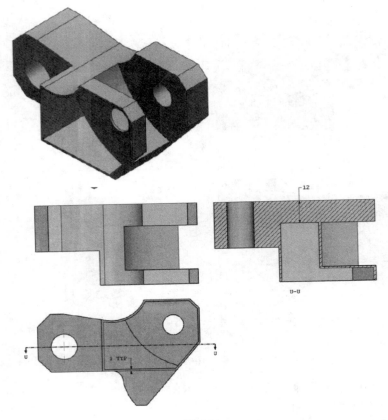

图 6-11

注1：每侧只加入一个容套，这样修改的零件不对称。
注2：假设所有其他尺寸与第(5)题相同。
零件的总质量(以克为单位)是多少？

（三）装配体的生成

以下图像用于回答第(7)、(8)题，如图 6-12 所示。

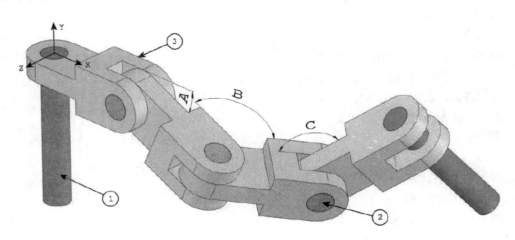

图 6-12

（7）在 SOLIDWORKS 中构建图 6-12 所示装配体（链条装配体）：包含 2 个长销钉①、3 个短销钉②和 4 个链条③。

单位制：MMGS（毫米、克、秒）。

小数位数：2。

装配体原点：任意。

使用 Lessons\CSWA 文件夹中的文件。

保存包含的零件并在 SOLIDWORKS 中打开这些零件。（注：如果 SOLIDWORKS 提示"是否要继续特征识别？"，请单击"否"。）

如等轴测视图所示，相对于原点生成装配体。（这对于计算正确的质心很重要。）

使用以下条件生成装配体：

销钉与链条孔为同轴心配合（无间隙）。

销钉端面与链条侧面重合。

$A = 25$ 度

$B = 125$ 度

$C = 130$ 度

装配体的质心位置在哪？

提示：如果没有选项在您答案的 1‰以内，请重新检查您的装配体。

A. $X = 348.66$ mm，$Y = -88.48$ mm，$Z = -91.40$ mm

B. $X = 308.53$ mm，$Y = -109.89$ mm，$Z = -61.40$ mm

C. $X = 298.66$ mm，$Y = -17.48$ mm，$Z = -89.22$ mm

D. $X = 448.66$ mm，$Y = -208.48$ mm，$Z = -34.64$ mm

（8）在 SOLIDWORKS 中修改此装配体（链条装配体）。

单位制：MMGS（毫米、克、秒）。

小数位数：2。

装配体原点：任意。

使用上一题中生成的装配体，修改下列参数：

$A = 30$ 度

$B = 115$ 度

$C = 135$ 度

装配体的质心位置在哪？

参 考 文 献

[1] (美)DS SolidWorks ®公司. SolidWorks 零件与装配体教程(2014 版)[M]. 北京:机械工业出版社,2014.

[2] (美)David C. Planchard, Marie P. Planchard. SolidWorks 官方认证考试习题集:CSWA考试指导[M]. 陈超祥,胡其登,编译. 北京:机械工业出版社,2010.

[3] 胡仁喜,刘昌丽. SolidWorks 2014 中文版标准实例教程[M]. 北京:机械工业出版社,2014.

[4] 鲍仲辅,吴任和. SolidWorks 项目教程[M]. 北京:机械工业出版社,2016.

[5] 曹茹,商跃进. SolidWorks 2014 三维设计及应用教程[M]. 北京:机械工业出版社,2014.